COMMENT LES HOMMES DE LA EASY COMPANY SONT DEVENUS DES FRÈRES D'ARMES

Par Chris Langlois, petit-fils de Eugène "Doc" Roe

Illustré par Anneke Helleman

Traduit de l'anglais par François Kufs et Natalie & Gérard Mary

ISBN-13: 978-0-578-48546-1

Première impression: Février 2018

Ce livre est disponible sur www.amazon.com ou en contactant l'auteur à: docroegrandson@gmail.com

Dédié à «l'Ange» que j'ai connu comme "Paw Paw"

"À compter de ce jour jusqu'à la fin du monde,
Sans que de nous on se souvienne,
De nous, cette poignée, cette heureuse poignée d'hommes cette bande de frères.
Car quiconque aujourd'hui verse son sang avec moi,
Sera mon frère; si humble qu'il soit,"
- William Shakespeare, *Henry V*

"Quel est le prince qui peut se permettre de couvrir son pays avec des troupes pour sa défense, comme dix mille hommes descendant des nuages, peut-être, faisant une infinité de dégâts avant qu'une force ne puisse être réunie pour les repousser?"
- Benjamin Franklin, 1784

"La 101ème division aéroportée n'a pas d'histoire...mais elle a rendez-vous avec le destin."
- Général William C. Lee, "père" de l'aéroportée des États-Unis

"Tenir Bon"
Major Dick Winters

101ÈME DIVISION AÉROPORTÉE (12 000 HOMMES)

|

506ÈME RÉGIMENT D'INFANTERIE PARACHUTISTE (1 800 HOMMES)

|

2ND BATAILLON (600 HOMMES)

|

EASY COMPANY (160 HOMMES)

|

SECTION (48 HOMMES)

|

ESCOUADE (16 HOMMES)

LES DÉBUTS DE L'AÉROPORTÉE

Le programme de l'Aéroportée américaine débuta en Juillet 1940 avec une section de volontaires, elle était composée de deux officiers et 48 engagés. D'autres pays comme le Japon, l'Italie, l'Allemagne et l'Union Soviétique possédaient déjà des unités aéroportées. Durant la Seconde Guerre mondiale (WWII), les Allemands effectuèrent deux opérations aéroportées majeures, une en Crète et une en Hollande.

Le concept des troupes aéroportées était encore nouveau pour les États-Unis en 1942 lorsque le 509ème Bataillon d'Infanterie Parachutiste effectua le premier saut de combat américain en Afrique du Nord lors de l'*Operation Torch*.

Les troupes parachutistes sont spécialement entrainées, équipées et organisées pour accomplir les missions que d'autres troupes ne peuvent pas réaliser::
- S'emparer des terrains uniquement accessibles en parachute,
- S'emparer des ponts au-dessus des fleuves et des cours d'eau,
- Attaquer les terrains derrières les lignes ennemies en coordination avec d'autres opérations au sol et/ou navales,
- S'emparer des aérodromes pour que les alliés puissent les utiliser ou pour empêcher l'ennemi d'utiliser ses avions,
- Créer la confusion et faire diversion pour les forces principales.

Le 16 Août 1942, la 101ème Airborne fut créée au Camp Claiborne, en Louisiane où le général William Lee prononça son célèbre discours: "La 101ème Airborne n'a pas d'histoire…mais elle a rendez-vous avec le destin."

Le 506ème Régiment d'Infanterie Parachutiste (PIR) était unique pour l'armée des États-Unis car pour la première fois, les troupes allaient simultanément acquérir un entraînement de base complet au combat et un enseignement au saut, formant ainsi par sa grande cohésion une formidable unité de combat. Le 506ème PIR devint actif le 20 Juillet 1942, sous le commandement du lieutenant-colonel Robert F. Sink, diplômé de l'Académie Militaire de West Point, et commença l'entraînement au Camp Toccoa, en Géorgie. Le colonel Sink allait garder le commandement du 506ème PIR jusqu'à la fin de la guerre, ce qui était rare pour un Régiment d'Infanterie au combat.

Le 506ème PIR était composé de neuf compagnies: *Able, Baker, Charlie, Dog, Easy, Fox, George, How et Item*. Les compagnies étaient désignées par leur première lettre, comme la Compagnie E.

La devise du 506ème PIR devint "Currahee", ce qui en langue Cherokee signifie, "se tenir seul." C'était également en référence au Mont Currahee qui dominait le paysage au-dessus du Camp Toccoa. Cela défini également l'état d'esprit de tous les parachutistes lorsqu'ils furent largués derrières les lignes ennemies, toujours encerclés et souvent seuls.

Beaucoup aspiraient à devenir parachutistes pour la prime de 50$ par mois pour une recrue (100$ par mois pour les officiers). Ces 50$ en 1942 équivaudraient à environ 800$ aujourd'hui. Pour d'autres, c'était l'aventure de sauter d'un avion et le désir d'être les meilleurs au sein d'une unité d'élite qui pensait de même. Plus de 500 officiers furent volontaires, mais seulement 150 terminèrent l'entraînement tandis que 5,800 hommes s'engagèrent mais seulement 1 800 réussirent à faire partie du régiment.

Le 10 Juin 1943, la Easy Company, avec le reste du 506ème PIR intégraient la 101ème Airborne…prenant rendez-vous avec son destin.

COURIR SUR CURRAHEE

Le colonel Sink voulait que le 506ème PIR ait les meilleurs soldats de l'armée. Ses "garçons" seraient connus comme les "Five-O-Sink." L'entraînement physique était le meilleur moyen de trouver la crème de la crème. Au Camp Toccoa, les hommes du 506ème PIR devinrent rapidement familiers avec la piste escarpée et rocheuse qui montait et descendait du Mont Currahee, lequel s'élevait à plus de 300 mètres d'altitude.

Lorsque les hommes arrivaient au Camp Toccoa, ils étaient répartis dans des tentes, alignées parfaitement en rangées dans l'ombre de Mont Currahee. En plus de lutter contre la chaleur, l'humidité, les tiques et les moustiques, ils étaient soumis à d'intenses exigences physiques, comme gravir la montagne, parfois deux fois par jour (cinq kilomètres pour monter). Si un homme tombait à cause d'une blessure ou de l'épuisement, personne n'était autorisé à l'aider; une ambulance attendait. Il n'y avait pas de temps pour admirer la vue depuis le sommet (cinq kilomètres pour descendre). Réussir en 50 minutes était obligatoire. Le record était de 42 minutes. Tous les officiers gravissaient la montagne; tout le monde était traité à la même enseigne, à cet égard. Ceux qui ne parvenaient pas à gravir Currahee étaient exclus de la formation des parachutistes.

Au Camp Toccoa, on enseignait également aux hommes les bases pour devenir un soldat d'Infanterie: marcher en formation, se mettre au garde-à-vous, tenir un fusil, lire une carte et utiliser une boussole, apprendre les tactiques d'attaque et de défense en petit et, en grand groupe, utiliser et nettoyer son fusil. Il y avait également des cours en classe: courtoisie et discipline militaire, histoire militaire, organisation de l'armée, monter la garde, premiers secours, hygiène personnelle et vie sur le terrain, reconnaissance d'uniformes, protection des secrets militaires et renseignements sur l'ennemi.

Mais le Mont Currahee ne se révélait pas être le plus grand challenge auquel la Easy Company devait faire face. La Easy Company était différente des autres unités à Toccoa. C'était parce que la Easy était commandée par le capitaine Herbert M. Sobel. D'une manière générale, Sobel était réellement détesté par tous les hommes sous son commandement. Sobel cherchait les moindres raisons pour punir ses hommes et leur faire perdre leurs avantages, comme les permissions de sortie du camp le weekend, ou en les forçant à faire davantage d'entraînement physique (PT). Constamment, les hommes comptaient les uns sur les autres pour mener des inspections mutuelles à la recherche de la moindre tâche sur leurs équipements et sur leurs uniformes. Sobel faisait sans cesse des inspections inopinées dans les baraquements, cherchant toujours plus de raisons pour punir ses hommes.

Sobel faisait marcher les hommes chaque vendredi soir au lieu de leur laisser des nuits de repos, comme les autres compagnies. Les marches commencèrent à huit kilomètres et chaque semaine, huit kilomètres étaient rajoutés. La plus longue marche fut de 80 kilomètres, sans nourriture, sans eau, sans parler et sans s'arrêter. Et le capitaine Sobel était là, à la fin, pour vérifier les gourdes et s'assurer que personne n'avait bu une gorgée d'eau

Alors que le rythme d'entraînement imposé par Sobel était un fardeau pour la Easy Company, une chose était sûre – il renforça le lien fraternel entre les hommes. Ils acquièrent confiance en leur capacité à surmonter et à réussir ensemble les épreuves difficiles. De plus, les hommes se rendirent compte qu'ils étaient en excellente condition physique puisque la *Easy* obtint le record l'aptitude physique du 506ème PIR. Cependant, les représentants de l'armée à Washington D.C ne crurent pas à des résultats aussi impressionnants et envoyèrent un officier pour tester de nouveau la Easy Company…le résultat fut encore meilleur. Le commandant en second de la Easy Company était l'officier dirigeant (XO), le Lieutenant Richard "Dick" Winters. Le Lieutenant Winters était un meneur en qui les hommes croyaient et sur lequel ils comptaient durant les jours d'entraînement intensif et surtout lors des punitions sévères de Sobel.

La Easy Company avait besoin du Lieutenant Winters, et il ne les laissa jamais tomber.

MARCHE VERS ATLANTA

Le colonel Sink lut un article dans le *Reader's Digest* magazine à propos d'une unité de l'armée japonaise qui avait battu le record mondial de marche. Sink, qui croyait fermement en ses hommes et en leur entraînement, s'en inspira et fit marcher le 2nd bataillon du 506ème du Camp Toccoa à Atlanta entre le 1er et 3 Décembre 1942. La marche dura 75 heures et 15 minutes, avec plus de 33 heures de marche ardue. À seulement 12 kilomètres de Toccoa, les hommes furent confrontés à des conditions météorologiques épouvantables, notamment un épais brouillard, de fortes pluies, de la boue jusqu'aux genoux et des températures nocturnes glaciales, tout en effectuant 60 à 65 kilomètres par jour. Encore plus difficile, ils portaient la totalité de leur équipement de combat, y compris les fusils, les mortiers, les tentes et l'équipement radio. Les hommes s'échangeaient les mitrailleuses de 16 kilogrammes et les mortiers de 60 mm de 20 kilogrammes afin qu'aucun n'ait à supporter seul ces charges.

Des routes verglacées causèrent quelques entorses aux chevilles. Les soldats aidèrent à porter l'équipement de leurs camarades blessés. Certains des hommes portaient trois fusils, ainsi le renfort de muscles, aida les blessés.

Lorsque les hommes terminèrent le premier jour de marche, l'obscurité était tombée. Tout le monde luttait pour rester au chaud. Le règlement de l'armée exigeait qu'un parachutiste change de chaussettes tous les soirs. Les hommes qui firent l'erreur d'ôter leurs bottes pour dormir retrouvèrent le cuir durci par le gel le lendemain matin, et il fallut plusieurs heures de marche pour les assouplir de nouveau. Ainsi, ils apprirent à garder leurs bottes, jusqu'à Atlanta, même pour dormir! Parfois, les règles doivent être enfreintes. Même dans des conditions météorologiques misérables, le Lieutenant Winters circulait parmi les hommes, les encourageant à "tenir bon."

Le deuxième jour, les jambes du soldat Don Malarkey lui étaient si douloureuses qu'il marcha sur les mains et les genoux pour aller à la soupe (argot militaire pour nourriture). Son camarade Warren "Skip" Muck dit: "Aucun de mes amis ne rampe nulle part," et il apporta sa nourriture à Don. Après avoir atteint Atlanta, Malarkey passa trois jours au lit tellement ses jambes étaient enflées.

Les hommes du bataillon n'étaient pas les seuls sur le parcours. "Draftee" etait un petit chiot marron et blanc qui suivait la marche depuis plusieurs kilomètres. Comme le chien boitait, les hommes le prirent et l'installèrent dans le sac à dos du soldat de Première Classe DeWitt Lowrey. Lorsque la Easy Company atteignit Fort Benning, l'étape suivant la marche d'Atlanta,"Draftee" fut confié aux infirmières de la base.

Ce que venaient d'endurer les hommes de la Easy Company ne les découragea pas, on put les entendre chanter et rire, tout en injuriant Hitler, le dictateur de l'Allemagne. Ces premières épreuves et conditions difficiles ne firent que renforcer le lien entre les hommes de la Easy Company qui s'apprêtaient à devenir des frères.

Alors que les hommes du 506ème entraient dans Atlanta, la foule les acclama le long des rues et les fanfares des universités se mirent à jouer. Le journal *Atlanta Constitution* fit quelques interviews des soldats et les prit en photo. Aucun doute, ces parachutistes fiers et revigorés oublièrent quelque peu leurs pieds, jambes et dos endoloris lorsqu'ils défilèrent dans Atlanta, et de savoir qu'ils avaient battu le record des Japonais, ils paradèrent le torse bombé et la tête haute! Seulement douze hommes sur les 556 engagés ne finirent pas la marche. Les trente officiers réussirent.

Le colonel Sink était fier.

ÉCOLE DE SAUT

Après leur marche vers Atlanta, les hommes de la Easy Company embarquèrent dans des trains pour Fort Benning en Géorgie, pour la formation au saut en parachute. Immédiatement, ils furent frappés par les quatre immenses tours de 80 mètres de haut surplombant le camp, trois d'entre elles sont encore utilisées aujourd'hui. L'école de saut comprenait quatre étapes, dont 26 jours de lecture, des tests écrits et une formation pratique:

Étape A: La première semaine était consacrée à un entraînement physique constant de huit heures par jour, six jours par semaine. La force et l'endurance étaient les caractéristiques nécessaires pour être parachutiste. En plus des grimpers de corde habituels, des pompes, et des courses nuit et jour, un entraînement spécifique aux parachutistes fut ajouté: l'enseignement du judo. Il permettait d'apprendre le combat au corps-à-corps, tandis que les exercices d'atterrissage aidaient à ralentir la chute lors du saut. Cette semaine n'était pas seulement un test de capacités physiques, mais aussi de force mentale. Cet intense programme d'entraînement épuisa beaucoup de parachutistes. La Easy et le reste du 506ème arrivèrent à Fort Benning en meilleure forme que l'encadrement (les instructeurs). Les instructeurs, surpris, furent forcés d'admettre que le 506ème pouvait sauter cette étape.

Étape B: Cette semaine était dédiée à apprendre aux hommes, toujours au sol, comment être parachutés. Ils apprirent les différentes parties d'un parachute, la position correcte du corps à partir du moment où ils sortaient de l'avion jusqu'à celui où ils atterrissaient et exécutèrent le rouléboulé ou Parachute Landing Fall (PLF). Atterrir correctement afin de minimiser les blessures était primordial pour le succès d'une mission. Cette semaine, avait aussi pour étape la tour de 10 mètres de haut. Équipés d'un baudrier en sangle faisant le tour de l'entrejambe et du torse, les soldats montaient les escaliers de la tour, étaient attachés à un harnais, et une poulie similaire à celle d'une tyrolienne moderne les faisait descendre vers un bac à sable. Les hommes devaient se tenir à la fausse porte, dans la position appropriée et sauter sur commande. Les hommes tombaient de plusieurs mètres de haut, simulant la chute libre depuis l'avion avant l'ouverture de leur parachute. La poulie lâchait et ils descendaient le long du câble de la tyrolienne, simulant ainsi la vitesse de la chute, et exécutaient, à la fin, un PLF correct. La tyrolienne disposait d'angles différents, pour que les recrues puissent ressentir les conditions variables du vent qui affectent l'atterrissage. Les hommes étaient notés sur chaque aspect du «saut», puis ils répétaient le processus.

> PLF: Initialement, les recrues apprenaient à faire un saut périlleux lors de l'atterrissage. Mais les nouvelles tactiques apprises par les Britanniques conduisirent au développement du PLF. Les soldats gardaient les pieds et les genoux serrés et légèrement pliés. L'absorption d'énergie en débutant par la pointe des pieds, puis par les muscles des mollets, des cuisses et des côtés du haut du corps, permettait de réduire l'impact de l'atterrissage en roulant sur les côtés.

Étape C: Les hommes continuaient d'utiliser les tours de 10 mètres ainsi que le harnais suspendu et commençaient à utiliser les tours de 80 mètres de haut. Ils continuaient également d'utiliser la fausse porte pour simuler les sorties en masse de l'avion. Les soldats s'entraînaient encore et encore jusqu'à ce que deux hommes par seconde puissent sauter. Plus vite ils pourraient quitter l'avion, plus vite ils se poseraient proches les uns des autres au sol et plus vite ils pourraient se rejoindre et survivre pour accomplir leur mission.

De plus, les soldats apprirent toutes les phases du saut: la sortie de l'avion, le choc de l'ouverture du parachute, son déploiement et sa manœuvre jusqu'à l'atterrissage. Une autre compétence essentielle enseignée, était de faire face à un dysfonctionnement du parachute et l'éventuel déploiement du parachute de secours. Ils apprirent également à osciller (se balancer d'avant en arrière) et comment s'en sortir lorsqu'ils étaient emmêlés. De grands ventilateurs étaient utilisés pour pousser le soldat au sol et le familiariser avec la manière dont le vent pourrait emporter le parachute après l'atterrissage. Le soldat devait rouler sur lui-même jusqu'à ce qu'il puisse se relever, puis courir vers le parachute ce qui, permettait à la voile de se dégonfler.

Anneke

SEMAINE DE SAUTS

L'étape D ou la semaine de sauts: Pour finalement mettre en pratique toutes les compétences acquises au sol, les soldats devaient effectuer 5 sauts dont un de nuit et deux avec la totalité de leur équipement de combat. Après avoir minutieusement suivi toutes les étapes du pliage de leur propre parachute, ils montaient dans les avions en "sticks" (rangs) de 18 à 20 hommes. Le stress commençait à monter.

Le largueur était soit l'instructeur, ou au combat, le premier à sauter du "stick". Tout le monde devait suivre ses ordres. Couvrant le bruit de l'avion, le largueur indiquait combien de minutes restaient avant la zone de largage (DZ), et les hommes se relayaient mutuellement l'information du temps restant qu'ils entendaient. Cette répétition était vitale pour s'assurer que chaque homme dans le "stick" entendait les ordres, était coordonné et prêt à sauter. Le largueur criait, "Préparez-vous!" et les hommes vérifiaient leur équipement et attachaient la jugulaire de leur casque.

Le largueur criait: "Debout!" les hommes se levaient et, l'ordre, "Accrochez!" était rapidement donné. Chaque soldat tenait fermement dans sa main un crochet qu'il attachait à un câble fixé au-dessus des têtes et faisant toute la longueur de l'avion. Le crochet était attaché à une corde reliée à leur parachute dorsal. Lorsque les hommes sautaient, la corde tirait sur leur parachute, permettant ainsi de le déployer.

Lorsque les hommes étaient accrochés, le largueur criait, "Vérification des équipements!" et chaque homme vérifiait rapidement mais soigneusement son équipement et celui de son camarade devant lui pour être sûr que tout était correct, présent et bien en place. La vérification de l'équipement était primordiale pour la sécurité des hommes et la réussite du saut. Du fond de l'avion jusqu'à l'avant, les hommes se numérotaient en criant: "Vingt ok!" "Dix-neuf ok!," etc.

Le largueur criait: "Une minute!" et les hommes répétaient. "Tenez-vous près de la porte!" était l'ordre donné au premier parachutiste et les hommes, derrière, se rapprochaient. "GO!" et le largueur leur tapait sur l'épaule, les envoyant tous successivement à travers le bleu du ciel.

Les soldats comptaient "mille un, mille deux, milletrois" et levaient les yeux pour s'assurer que leur parachute était complètement déployé. Si le parachute principal ne se déployait pas après trois secondes, ce qui signifiait un dysfonctionnement, le parachutiste ne pe dait pas de temps et déployait le parachute de secours ventral.

Les sauts d'entraînement s'effectuaient de 200 mètres à 500 mètres d'altitude en fonction du temps, de la vitesse du vent et du poids de l'équipement porté. Les sauts de qualification étaient généralement à 330 mètres d'altitude. En descendant, les parachutistes pouvaient apprécier la vue et étaient parfois assez proches pour se parler.

Il n'y avait pas de seconde chance pour ceux qui avaient peur de sauter. Chaque seconde qui s'écoulait entre les parachutistes augmentait la distance entre eux lorsqu'ils atterrissaient et rendait plus difficile la capacité à se regrouper rapidement pour commencer la mission. Bien que cela puisse sembler sévère, le fait d'avoir peur de sauter donnait lieu à une disqualification immédiate de l'entraînement au saut et le soldat était immédiatement envoyé de la base et transféré dans une unité ordinaire. Pendant la guerre, des vies pouvaient être perdues lors de sauts mal effectués. Aucune hésitation n'était permise. Depuis la Seconde Guerre mondiale, peu de choses ont changé concernant la formation, la discipline et l'attention portée aux détails pour ceux qui aspirent à devenir parachutistes.

L'avion C-47 Skytrain (comme l'appelaient les Américains) ou Dakota (comme l'appelaient les Britanniques), servait à transporter les parachutistes. Plus de 10 000 furent construits lors de la Seconde Guerre mondiale. En plus de transporter les troupes, il pouvait larguer des marchandises et remorquer un planeur derrière lui.

L'armée offrit à la plupart des hommes leur baptême de l'air. Pour certains, c'était la première fois qu'ils voyaient un avion. Ces hommes firent de nombreux sauts d'entraînement puis de combat, à la fois en Amérique et en Europe, et bien qu'ils décollèrent de nombreuses fois en avion, après avoir quitté l'armée et être rentrés chez eux, presque aucun n'avait atterri en avion…ils avaient toujours été parachutés!

BOTTES DE SAUT ET AILES DE PARACHUTISTE

Depuis les années 1940, et encore aujourd'hui, les hommes qui terminent l'école de saut participent à une cérémonie de remise de diplômes. Beaucoup d'hommes disent que ce fut l'un des plus grands moments de fierté de leur vie. Les nouveaux parachutistes étaient sur les rangs arborant leur "insigne de parachutiste" en argent, ou ailes de parachutiste, épinglé sur la poitrine gauche. Peut-être plus important encore, les hommes étaient autorisés à porter leurs bottes de saut hors de la base d'entraînement. Le fait de porter ces bottes de saut et d'y rentrer les jambes du pantalon (connu sous le terme de "blouser") différenciait les parachutistes de TOUTES les autres unités. C'était une forme de fierté que les parachutistes prenaient très au sérieux. En d'autres termes, ces hommes avaient travaillé très dur pour obtenir le droit de porter leurs bottes de saut et de faire blouser leur pantalon!

Les parachutistes appelaient les autres soldats "jambes droites", qui était un terme argotique pour désigner les non-parachutistes. Si les parachutistes voyaient des "jambes droites" faire blouser leur pantalon, il était garanti que cela finisse en injures et très certainement en bagarres.

Lorsque des permissions de sortie de week-end étaient accordées, avant de pouvoir quitter la base le Sergent de service devait inspecter les tenues. Tout devait être parfait sur l'uniforme des parachutistes, surtout lorsqu'ils étaient en public. Les plis des pantalons et des chemises devaient être repassés, et les bottes de saut devaient briller!

Les bottes de saut étaient parfois appelées bottes de parachutistes ou "Corcorans" puisqu'elles étaient fabriquées par l'entreprise Corcoran et Matterhorn. Les parachutistes devaient lacer leurs bottes en 'échelle', une technique qui aidait à maintenir la cheville lors des atterrissages. Aujourd'hui encore, Corcoran continue à fabriquer ces bottes.

Pour chaque saut de combat, une étoile de bronze était attachée aux ailes des parachutistes. Beaucoup d'hommes de la Easy Company gagnèrent une ou deux étoiles de bronze, pour les sauts en Normandie et en Hollande. Le capitaine Lewis Nixon, l'un des quatre membres de la Easy Company qui effectuèrent trois sauts de combat (et l'un des rares de la 101ème Airborne) obtint sa troisième étoile de bronze sur ses ailes de parachutiste. Nixon fut temporairement détaché à la 17ème division aéroportée lors de l'Opération *Varsity*, traversée aérienne du Rhin jusqu'en Allemagne, alors que la Easy Company récupérait à Mourmelon en France.

Les trois autres membres de la Easy qui gagnèrent leur troisième étoile de bronze étaient des éclaireurs le Caporal Richard Wright, le Caporal Carl Fenstermaker et le soldat Lavon Reese. Les éclaireurs étaient des volontaires au sein des unités parachutistes. Ils avaient la mission spécifique d'être parachutés environ une heure avant tout le monde, par groupes de 8 à 10 hommes, afin d'aider les parachutistes à atterrir avec plus de précision sur la zone de largage. Les éclaireurs utilisaient un équipement spécifique, comme des émetteurs radio, pour guider les avions de tête vers la zone de largage

ÉCUSSONS ET INSIGNES

ÉCUSSON DU 506 ÈME RÉGIMENT

Cet écusson se compose d'un aigle plongeant et d'une voile de parachute en arrière-plan. La "paire de dés" montre un "5" et un "6" reliés par un épais "0" noir – désignant ainsi le 506ème. Ensemble, ces dessins représentaient le 506ème comme une unité parachutiste, attaquant depuis le ciel. Lorsque le 506ème fut rattaché à la 101ème Airborne, cet écusson fut interdit. Cependant, les hommes ignorèrent une fois de plus le règlement de l'armée et portèrent fièrement cet insigne sur le devant de leur combinaison de saut ou sur leur blouson de cuir.

INSIGNE D'UNITÉ DISTINCTIVE

Encore porté aujourd'hui, la partie bleue de cet insigne métallique représente l'Infanterie, l'arme à laquelle était rattachée le 506ème Régiment d'Infanterie Parachutiste. L'éclair représente, aujourd'hui comme à l'époque, le caractère menaçant du régiment et sa capacité à attaquer depuis le ciel, frappant avec rapidité, puissance et surprise. Les six parachutes caractérisent le 506ème comme le sixième régiment parachutiste actif dans l'armée américaine. La silhouette verte, en bas, symbolise Mont Currahee, lieu de création du régiment au Camp Toccoa en Géorgie. Cette montagne symbolise également la force du régiment, son indépendance et sa capacité à «se tenir seul» contre l'ennemi, un trait de caractère pour lequel ces fiers parachutistes sont bien connus.

ÉCUSSON D'ÉPAULE DE LA 101 ÈME AIRBORNE

Aujourd'hui encore, l'écusson de la 101ème Airborne est l'un des plus reconnaissables de l'armée américaine, Il a valu à la division son surnom, "lesAigles Hurlants."

L'aigle est un hommage à "Old Abe," un véritable aigle à tête blanche né en 1861 dont le nom fut inspiré par celui du Président Abraham Lincoln. Old Abe était la mascotte du 8ème Régiment d'Infanterie Volontaire du Wisconsin qui combattit contre les Confédérés lors de la Guerre de Sécession. Old Abe était présent à toutes leurs batailles, porté par un sergent sur une perche spécifique.

En 1921, la 101ème division d'infanterie fut créée comme une unité de réserve de la Première Guerre mondiale. Même si cette unité ne vit jamais le combat, l'écusson fut utilisé comme identifiant. Lorsque la 101ème Airborne fut réactivée comme division parachutiste en 1942, l'écusson "Old Abe" et sa longue histoire furent choisis pour la représenter, une nouvelle fois.

STATUE DE LA LIBERTÉ

De Mai à Juillet 1943, les hommes voyagèrent en train pour rejoindre les autres unités de la 101 ème pour des exercices d'entraînement au combat de grande ampleur au Camp MacKall en Caroline du Nord, puis dans le Kentucky, le Tennessee et l'Indiana. Ces exercices constituaient le plus grand entraînement de parachutistes pour l'armée. Pour le réalisme, les hommes dormaient dans des tentes et se nourrissaient de rations de combat. Ils se demandaient s'ils allaient être envoyés pour combattre les Allemands en Europe ou les Japonais dans le Pacifique.

En Août 1943, ils eurent leur réponse. Les hommes de la Easy Company rejoignirent le reste de la 101ème Airborne au Camp Shanks, près de New-York. La prochaine étape était l'Angleterre, pour affronter les Allemands. Tous les membres de la 101 ème Airborne devaient enlever leur insigne "Aigles Hurlants" et ne devaient pas porter leurs bottes de saut, le but étant d'empêcher les espions allemands de savoir qu'une unité aéroportée d'élite se dirigeait vers l'Europe pour l'invasion.

Le capitaine Sobel écrivit une lettre aux mères des soldats avant leur départ:

Chère Madame: Bientôt votre fils descendra du ciel pour combattre et vaincre l'ennemi. Il aura les meilleures armes, les meilleurs équipements et a eu de rudes et intensifs mois d'entraînement pour le préparer à triompher sur le champ de bataille. Vos fréquentes lettres d'amour et encouragements l'armeront d'un coeur vaillant. Ainsi, il ne pourra pas échouer, mais gagner la gloire, vous rendre fière, et son pays sera à jamais reconnaissant pour son service rendu dans ces moments difficiles.

Capitaine Herbert M. Sobel, commandant de compagnie.

Les hommes abordèrent la longue et raide passerelle. Le S. S. Samaria pouvait contenir environ 1 000 personnes. Pour ce voyage, il en transporta 5 000. Les hommes se rassemblèrent au bastingage du navire et saluèrent la foule embarquée sur des bateaux dans le port. Peu de temps après avoir appareillé, en passant devant, Bill Guarnere salua la Statue de la Liberté. Le Samaria, faisant partie d'un grand convoi de plus de 100 navires, se dirigeait en zigzag pour leurrer les éventuels sous-marins allemands qui patrouillaient l'océan Atlantique à la recherche de cibles.

Deux hommes se partageaient une couchette, ces couchettes étaient empilées sur 4 niveaux avec juste assez de place pour se retourner. Pour dormir, chaque homme alternait entre la couchette et le pont, à la belle étoile. Beaucoup d'hommes apprirent à apprécier le pont plutôt que les quartiers étroits en-dessous.

La routine quotidienne sur le navire n'avait rien d'enthousiasmant et les heures de repas n'aidaient pas. La nourriture était préparée par des cuisiniers britanniques et comportaient du poisson bouilli, des tomates et de fines tranches de pain. Inutile de le dire, les repas, avec les vagues en plein océan, ne s'accordaient pas avec les estomacs américains, et les hommes cherchaient souvent des barres chocolatées et des biscuits pour survivre.

Les douches consistaient en une eau froide et salée, et l'eau potable n'était disponible que quelques heures par jour. Beaucoup d'hommes se passèrent de douches et commencèrent à sentir mauvais, surtout dans des endroits confinés comme sous le pont. Entre les exercices de sauvetage et les inspections d'armes, les hommes passaient leur temps à lire, parler de leur pays, jouer aux cartes et parier de l'argent.

Pour la plupart des hommes, c'était leur premier voyage en dehors de l'Amérique. Aucun doute, alors qu'ils regardaient l'Amérique disparaître à l'horizon, les pensées des hommes se dirigeaient vers le pays et leurs proches. De longs mois de préparation durant l'entraînement se transformaient soudain en de longs jours d'incertitude, flottant sur l'océan. Il leur fallut 12 jours pour atteindre l'Angleterre.

La Easy Company se rapprochait de la guerre.

Sobel Et Winters…D'aldbourne À Upottery

La Easy Company s'installa dans le petit et paisible village d'Aldbourne, au sud de l'Angleterre. Mais la vie sous le commandement de Sobel était loin d'être paisible puisqu'il criait constamment sur ses hommes et jamais ne souriait ou plaisantait. La moindre petite infraction pouvait être punie par une corvée de latrines (toilettes). Le Lieutenant Winters était toujours le commandant en second et tout le contraire de Sobel. Alors qu'ils étaient tous deux dans une excellente forme physique, Winters était calme et respectueux. Peut-être plus important encore, il était juste avec les hommes respectant le règlement militaire. Même s'ils admiraient le désir de Sobel de faire de la Easy Company la meilleure compagnie de la 101ème Airborne, les hommes sentaient que Winters, contrairement à Sobel, se souciait sincèrement de leur bien-être. Ils étaient témoins de l'animosité croissante entre Sobel et Winters. Le fossé entre les différentes philosophies de commandement s'élargissait.

Cependant, l'entraînement quotidien se poursuivait et s'intensifiait avec le combat au corps à corps, le creusement de trous de combat, les premiers soins, les signaux manuels et la connaissance des armes chimiques. L'entraînement au saut se faisait le plus souvent avec l'équipement complet, et les hommes s'entraînaient à s'éloigner des arbres et de l'eau en utilisant les risers (cordes reliées au parachute). Le Soldat Rudolph Dittrich perdit la vie durant l'entraînement, son parachute ne se déploya pas, ce qui rappela à chaque parachutiste que leur mission était extrêmement dangereuse.

Comme les jours se transformaient en semaines, les hommes doutaient de plus en plus de l'aptitude de Sobel à diriger les exercices d'entraînement. L'entraînement exigeait de longues journées et nuits dans la campagne et les bois pour s'entraîner à rester ensemble et silencieux. Mais Sobel était bruyant lorsqu'il marchait dans les bois, et il perdait constamment les hommes à cause de mauvaises lectures de cartes, les menant même dans des embuscades, lors d'attaques d'entrainement contre d'autres unités. Se diriger dans une embuscade en temps de guerre pouvait coûter la vie aux hommes! Si Sobel était inefficace avec les techniques les plus basiques de l'Infanterie, comme la lecture de cartes ou les assauts tactiques, comment pourrait-il mener les hommes au combat ? C'était une perpétuelle question que les hommes se posaient. L'opposition entre Sobel et Winters explosa et la Easy Company en fut changée à jamais.

En Octobre 1943, Sobel donna à Winters l'ordre d'inspecter les latrines à 10h du matin. À l'insu de Winters, Sobel changea l'horaire à 9h45 du matin. Lorsque Winters fut en "retard" pour l'inspection, Sobel, en guise de punition, supprima la permission de Winters; une habitude pour lui. Mais Winters maintint sa position et écrivit: "Je demande le jugement en Cour Martiale pour défaut d'inspection des latrines ce jour à 0945 (9h45)." De sa demande audacieuse résulta une enquête formelle, ce qui signifie que Winters fut transféré à la surveillance des cuisines durant le procès; un rôle démoralisant pour lui qui voulait seulement être avec ses soldats.

Après que Sobel ait tenté de punir Winters pour une simple inspection des latrines, les NCO (officiers non assignés qui sont sous- officiers, donc sergents) en eurent finalement assez. Ils écrivirent une lettre de démission au Colonel Sink, action qui, en temps de guerre, aurait pu les faire fusiller pour trahison. Mais cette action reflétait à quel point les NCO ressentaient l'incapacité de Sobel à les commander alors qu'ils se préparaient pour la guerre.

Le Colonel Sink était furieux contre les NCO! Il rétrograda certains d'entre eux d'un grade; les autres furent transférés dans différentes compagnies du 506ème. À la fin, le Colonel Sink pris conscience qu'il ne pouvait pas garder Sobel pour commander la Easy Company. Il le transféra au camp d'entraînement de Chilton Foliat pour former des civils au saut, comme des aumôniers ou médecins, afin d'être brevetés parachutiste pour aller au combat avec les soldats.

Le Lieutenant Thomas Meehan fut transféré de la Baker Company pour commander la Easy Company. Winters fit son retour et devint le chef de la 1ère section. Les hommes de la Easy Company étaient enfin sereins et entre de bonnes mains. Ce fut un changement important, puisque le 29 Mai 1944, les hommes embarquèrent dans des camions et se dirigèrent plus au sud, à l'aérodrome de Upottery, où des rangées de C-47 attendaient les parachutistes. Les hommes laissèrent derrière eux tous leurs bagages inutiles.

La guerre était imminente.

ARMES

Le **M-1 Garand** était le fusil principal de l'Infanterie, utilisé par toutes les armes de l'armée lors la Seconde Guerre mondiale. Environ 5 400 000 furent confectionnés durant la guerre et ce fusil fut utilisé pendant presque 30 ans, jusque dans les années 1960. Le célèbre George S. Patton l'appelait "le plus grand instrument de combat jamais conçu." Chargé par le dessus grâce à une lame clip de 8 cartouches et pesant environ 4,9 kilogrammes, il avait une portée efficace de 500 mètres.

Plus de 1 500 000 **mitraillettes Thompson**, surnommées "Tommy Gun," furent produites pour l'armée durant la Seconde Guerre mondiale. La Thompson, ayant un chargeur de 20 coups, était une acquisition rare pour ceux qui avaient la chance d'en obtenir une. Souvent, elles étaient attribuées aux NCO, mais ceux qui commandaient des patrouilles préféraient en avoir une à cause de sa rapidité de tir et sa portée de 50 à 70 mètres, bien qu'elle ait une portée maximale de 150 mètres.

Rattaché au peloton d'appui, le **mortier M-2 de 60 millimètres** nécessitait 3 à 4 hommes pour fonctionner avec succès. Environ 60,000 furent produits durant la Seconde Guerre mondiale. L'obus de mortier était chargé par le haut du canon. Après quelques secondes, le canon tirait automatiquement. Cette arme lourde était essentielle pour les parachutistes qui manquaient de soutien blindé. Le mortier était tenu par un chef d'escouade, un tireur, un chargeur et parfois, un transporteur de munitions rattaché à l'escouade. Le mortier était constitué de trois parties; le socle de base, le canon et le trépied, pour un total de 20 kilogrammes. Chaque obus de mortier pesait 1,3 kilogramme et avait une portée de 200 à 2000 mètres, en fonction de l'angle d'inclinaison du tube. Une équipe entraînée pouvait tirer de 18 à 20 obus par minute. L'obus étant tiré vers le haut, le mortier était efficace lorsque les cibles étaient dissimulées sur le terrain, par des forêts, des bâtiments ou derrière des digues (comme ce fut le cas aux Pays-Bas).

JOUR-J – VUE D'ENSEMBLE

L'invasion du continent Européen durant la Seconde Guerre mondiale fut la plus grande opération militaire de tous les temps, elle nécessita près d'un an de planification. Le nombre de militaires américains s'élevait à environ 1 400 000 lorsqu'ils arrivèrent en Angleterre, et au moment où l'offensive allait commencer, 600 000 autres soldats Anglais, Canadiens, Belges, Français, Néerlandais, Polonais, Néo- zélandais, Norvégiens, Grecs, et Tchécoslovaques les rejoignirent pour le combat.

L'*Opération Overlord* était le nom de code pour la Bataille de Normandie en France; opération alliée, qui, le 6 Juin 1944 amorça l'invasion de l'Europe occupée par les Allemands. Le général Dwight Eisenhower (plus tard le Président des États-Unis), commandant en Chef toutes les Forces Armées.

Toutes les informations concernant l'invasion étaient marquées comme "BIGOT" ce qui était une classification plus importante que "Top Secret." "BIGOT" signifiait ***British Invasion of German Occupied Territory*** ("Invasion Britannique du Territoire Occupé par les Allemands.") Le Premier Ministre Britannique Winston Churchill inventa cet acronyme avant l'entrée en guerre des États-Unis, et le reprit comme niveau de sécurité après qu'Eisenhower fut aux commandes. Toute personne ayant connaissance de l'opération du jour-J était ajoutée à la "liste du BIGOT." Ceux sur la liste n'étaient pas autorisés à voyager hors du Royaume-Uni, au cas où ils auraient été capturés et obligés de révéler les secrets. Bien sûr, Winston Churchill était le seul à pouvoir voyager.

Les Alliés effectuèrent plus de 3 200 vols de reconnaissance, d'Avril 1944 jusqu'à l'invasion en Juin, prenant des photographies du littoral à très basse altitude pour montrer aux troupes, le terrain, les obstacles sur les plages et les structures défensives comme les bunkers ou les emplacements des canons. Afin de désorienter davantage les Allemands et d'éviter de les alerter sur le lieu exact de l'invasion, les avions survolaient toute la côte Européenne.

Bien que les Allemands sachent qu'une invasion était imminente, ils ne pouvaient pas déterminer le lieu précis. Ainsi, Adolf Hitler confia au Maréchal allemand Edwin Rommel, la responsabilité de construire le "Mur de l'Atlantique," fortification qui s'étendait tout le long de la côte, en prévision d'une attaque. Ce "mur" mesurait 4 000 kilomètres de long et était constitué de bunkers en béton, de réseaux de fils barbelés et de mitrailleuses. Rommel fit également construire des obstacles en acier pour empêcher les navires de débarquer et les chars de traverser le terrain. De plus, il fit placer plus de 5 000 000 de mines afin de repousser tout assaut et les forces ennemies dans l'océan Atlantique.

Le célèbre Général George Patton aida les Alliés à convaincre les Allemands que l'invasion se ferait au Pas-de-Calais; un emplacement logique puisqu'il s'agissait de la distance la plus courte entre l'Angleterre et la France. Un groupe de 1 100 spécialistes conçut une tromperie élaborée en utilisant des chars gonflables et installèrent des avions afin d'être vus lors des missions de reconnaissance allemandes. Pour perfectionner leur ruse, ils émirent de fausses transmissions radio pour simuler des mouvements de troupes dans la région. Le piège eut l'effet escompté puisque 150 000 soldats allemands, en plus de chars, restèrent dans le Pas-de-Calais pendant des semaines après la véritable invasion, ne prenant pas part aux combats en Normandie.

À l'approche de l'attaque, Eisenhower et ses Commandants alliés choisirent une partie de la côte normande longue de 100 kilomètres comme lieu d'invasion. Les Américains furent assignés aux secteurs qui avaient pour noms de code *Utah* et *Omaha*, les Britanniques à *Sword* et *Gold*, et les Canadiens à *Juno*.

Jour-J – Vue D'ensemble (Page 2)

Vous êtes sur le point d'embarquer pour la Grande Croisade pour laquelle nous nous sommes préparés ces nombreux mois. Les yeux du monde sont fixés sur vous. Les espoirs et prières de tous les peuples épris de Liberté vous accompagnent. Avec nos valeureux alliés et nos frères d'armes des autres fronts, vous allez contribuer à la destruction de la machine de guerre allemande, à l'élimination de la tyrannie Nazie sur les peuples opprimés d'Europe, et à notre sécurité dans un monde libre.
—Eisenhower, Letter to Allied Forces

Parce qu'une pleine lune était nécessaire pour aider les parachutistes dans leur capacité à repérer les zones de largage, seulement quelques nuits chaque mois étaient disponibles. De plus, afin d'éviter les nombreux obstacles allemands et les mines placées le long de la côte, la réussite de l'assaut reposait sur un fort coefficient de marée, ce qui limitait davantage les opportunités sur le calendrier. La date prévue pour l'invasion était le 5 Juin, mais le mauvais temps la repoussa au 6 Juin.

Avant l'invasion, 1 000 bombardiers effectuèrent par jour des frappes aériennes sur les aérodromes allemands, les ponts, les voies ferrées et les installations militaires en France. À cause de cette stratégie, la *Luftwaffe*, l'armée de l'air Allemande, fut presque inexistante le Jour-J; encore plus impressionnant, aucun avion allié ne fut abattu lors de combats aériens.

Le jour-J, le largage de 24 000 parachutistes précéda l'invasion des plages. Les 82ème et 101ème Divisions Aéroportées furent rejointes par la 6ème Division Aéroportée Britannique. En raison des lourds tirs d'artillerie anti-aérienne allemande, seulement 15% des parachutistes atterrirent aux endroits prévus. Bien que dispersés, les parachutistes se joignirent à d'autres, de différentes unités, pour former des équipes de combat et se déplacer vers leurs points de ralliement et objectifs exacts.

Les atterrissages dispersés eurent pour second effet de déconcerter les Allemands quant à l'endroit précis des largages et quant au nombre de parachutistes posés. Un autre acte de diversion fut des centaines de mannequins remplis de sable, appelés " *Ruperts*," largués par parachute pour détourner les Allemands des véritables zones de parachutage. Ces mannequins ressemblaient étroitement aux vrais parachutistes, et parce que certains d'entre eux explosaient lorsqu'ils touchaient le sol, le chaos n'en était que plus intense pour les Allemands.

Le bombardement naval par cinq énormes cuirassés, vingt croiseurs, soixante-cinq destroyers et deux navires de guerre Britanniques commença à 5h45 et se termina à 6h25 du matin. Peu de temps après, plus de 4 000 barges de débarquement arrivèrent de la mer et débarquèrent 132 000 hommes.

Cependant, toute cette main-d'œuvre et cette puissance de feu ne suffirent pas à stopper les pertes humaines à *Omaha*, secteur le plus défendu. La 1ère Division d'Infanterie Américaine, soutenue par les soldats de la 29ème Division, affronta une Division Allemande entière au lieu du seul régiment auquel ils s'attendaient. La confrontation à la puissance de feu écrasante venant des falaises entraîna plus de pertes américaines sur ce secteur que sur toutes les autres plages du débarquement réunies.

Le destin, en plus de l'ingénieuse stratégie, joua un rôle important dans l'issue de la bataille. Les Alliés profitèrent du fait que les Allemands avaient été laissés sans commandement. Pensant que la mer serait trop difficile aux Alliés pour débarquer, le Maréchal Rommel rentra chez lui en Allemagne pour l'anniversaire de son épouse. De plus, seul Hitler pouvait autoriser le mouvement des chars allemands et craignant sa colère, personne ne voulut le réveiller de son sommeil pour l'informer de l'invasion. Parce que Hitler dormit jusqu'à environ midi ce jour-là, les chars furent retardés pour rejoindre le champ de bataille.

Alors que le jour-J fut un succès, puisqu'il permit d'établir une tête de pont pour obtenir des troupes, des équipements et des ravitaillements sur le continent, les pertes humaines furent nombreuses. Plus de 9 000 soldats alliés furent blessés ou tués en un seul jour.

JOUR-J – EASY COMPANY

Avant la mission, les cuisiniers préparèrent un merveilleux repas à la Easy Company: steak et pommes de terre, petits pois, pain au beurre, et en dessert – de la crème glacée! Ce fut le meilleur repas que l'Armée leur donna.

Les hommes noircirent leur visage avec du cirage. Les parachutistes avaient de grandes poches supplémentaires sur leur pantalon et leur veste pour transporter l'équipement requis, puisqu'il n'y aurait pas de ravitaillements disponibles lorsqu'ils atterriraient derrière les lignes ennemies. Dans leurs poches de pantalon, ils avaient des rations K, une boîte de nourriture supposée durer trois jours. Dans leur sac à dos, appelé musette, ils transportaient un poncho, une couverture, des articles de toilette et matériel de cantine (gamelle, cuillère et tasse). La ceinture autour de leur taille comportait dix lames-chargeurs de munitions de fusil M-1 (80 balles au total), une petite pelle (outil de retranchement), une gourde, une baïonnette et un masque à gaz (que les hommes jetaient après l'atterrissage). La plupart des hommes portaient des bretelles comportant des grenades et un pistolet. Ils portaient leur couteau à lame fixe sur l'une de leurs bottes et un petit couteau dans une poche zippée près du col de leur veste. Ce couteau était facilement accessible s'ils atterrissaient dans un arbre et devaient couper les suspentes pour se décrocher. Si cela leur arrivait, ils transportaient également 10 mètres de corde pour éventuellement descendre d'un arbre.

À tout cet équipement s'ajoutaient un casque en acier, un parachute principal dans le dos, un parachute de secours sur la poitrine, et un gilet de sauvetage jaune. Les mitrailleurs et équipes de mortiers avaient également leurs armes, et leurs minutions étaient distribuées aux autres soldats pour aider à les transporter. Les médecins, infirmiers et équipes radio avaient leurs équipements spécifiques. Avec tout ce matériel, il était même difficile de marcher. Parfois, il fallait deux à quatre hommes pour en aider un seul à monter à bord d'un C-47.

Les parachutistes reçurent un petit jouet d'enfant appelé "criquet." En le pressant, il émettait un "clic-clac." Être largué dans le noir rendait très difficile l'identification des amis et des ennemis. Le parachutiste devait presser une fois son criquet et l'autre personne devait le presser deux fois. Ainsi, les deux savaient qu'ils étaient amis. Sans criquet, les hommes utilisaient des mots de passe le Jour-J. Le soldat disait "Foudre" et la réponse correcte était "Tonnerre." Les mots de passe changeaient ensuite chaque jour.

Peu après minuit, les groupes de C-47 décollèrent. Les avions se rassemblèrent en formant un "V" et trois séries d'avions se rejoignirent à nouveau, constituant une plus grande formation en "V." De faibles lumières rouges à l'intérieur des avions éclairaient les visages des hommes. Les moteurs bruyants rendaient la conversation impossible. Quelques hommes dormaient. D'autres priaient. Tous étaient perdus dans leurs pensées de ce que leur première expérience au combat leur apporterait. Les Allemands attendaient derrière leur "Mur de l'Atlantique."

Juste avant de monter à bord du C-47, Bill Guarnere, le soldat qui salua la Statue de la Liberté, apprit accidentellement que son frère avait été tué au combat, en Italie. Il voulait se venger. Et au combat, en Normandie, il gagna son surnom de, "Wild Bill" ("Bill le Sauvage") pour avoir assouvi une partie de sa vengeance contre l'ennemi.

Lorsque les avions approchèrent de la côte, les tirs antiaériens commencèrent à atteindre le ciel. Les hommes pouvaient entendre des éclats d'obus "résonner" contre le métal des avions. A d'autres endroits, ils pouvaient voir les trous d'entrée et de sortie des balles en haut et en bas du fuselage. Venant du sol, chaque troisième ou quatrième balle était une balle traçante verte, rouge ou bleue aidant les Allemands à viser et tirer dans le noir.

Les pilotes dirigeaient les avions de gauche à droite, de haut en bas, essayant d'éviter d'être touchés, éjectant les parachutistes n'importe où. Le sentiment d'impuissance était accablant et des milliers de parachutistes impatients cherchaient à sortir de ces avions. Lorsque le feu vert s'alluma à l'intérieur, les hommes ne perdirent pas de temps pour sauter! Instinctivement, de nombreux pilotes augmentèrent la vitesse des avions afin d'éviter d'être abattus. Ces soldats sautèrent d'avions qui allaient trop vite, leur équipement et leurs armes furent arrachés de leur corps ; ils atterrirent encerclés par l'ennemi, dans le noir, seul, avec seulement un couteau attaché à leur botte. D'autres encore virent les balles traçantes faire des trous brûlants à travers leur parachute, alors qu'ils tombaient au sol, autre sentiment d'impuissance. Tant de manœuvres évasives de la part des pilotes firent que presque tout le monde atterrit au mauvais endroit.

Le Général Taylor, commandant de la 101ème Airborne, avait promis seulement trois jours et trois nuits de combat…ce ne fut pas le cas.

MANOIR DE BRÉCOURT

La Easy Company était supposée atterrir près du village de Sainte-Marie-du-Mont, mais la plupart des parachutistes furent dispersés, les laissant dans l'obligation de marcher et de se battre seuls pour rejoindre leur unité.

Le Lieutenant Winters retrouva un groupe de soldats du 2nd Bataillon dans le hameau du Grand Chemin. Ces premières heures du 6 Juin 1944 permirent à Winters d'être l'officier le plus haut gradé de la Easy Company. Cependant, la plupart de ses hommes étaient introuvables. Personne ne le savait à ce moment-là, que le Stick n°66 du Commandant de la Easy, le Lieutenant Thomas Meehan, avait été abattu, sans aucun survivant.

Winters reçu l'ordre de s'emparer d'une batterie allemande qui tirait sur les troupes américaines débarquant à Utah Beach, à environ cinq kilomètres. La batterie, située dans la ferme du Manoir de Brécourt, avait échappé à la détection et collecte de renseignements de la pré-invasion. Sans autres renseignements disponibles, Winters, commandant toujours en tête, partit seul pour effectuer une reconnaissance. Il trouva quatre canons de 105 mm, reliés par un réseau de tranchées. Les canons étaient défendus par environ 60 soldats allemands. Les chances n'étaient pas en faveur de Winters et il savait que la surprise allait être sa meilleure alliée durant l'attaque.

Winters divisa ses douze hommes en deux groupes et ordonna aux deux mitrailleurs en place de détourner l'attention des Allemands. Il lança l'attaque, "Suivez-moi!" Winters et ses hommes avancèrent accroupis dans les tranchées, pour éviter d'être repérés. Armés de grenades et de fusils, ils furent rapidement confrontés aux Allemands du premier canon. Les hommes devaient détruire chacun des quatre canons l'un après l'autre, tout en se défendant et en éliminant les troupes allemandes, qui avaient également leurs propres mitrailleuses sur le terrain. Un à un, les Américains placèrent des blocs de TNT dans les fûts de canons ennemis et utilisèrent des grenades pour les faire exploser, détruisant, ainsi, les canons.

Plus tard, six hommes des compagnies Dog, Fox et Headquarters (HQ) vinrent en renfort et le dernier canon fut détruit. Winters trouva une carte allemande indiquant les positions de toute l'artillerie et des mitrailleuses en Normandie. Ce précieux renseignement fut donné à l'ami de Winters, le Lieutenant Lewis Nixon, officier de renseignement.

Pour son commandement exemplaire, le Colonel Sink recommanda Winters pour la Medal of Honor, mais, elle fut refusée et il reçut la seconde plus haute récompense, la Distinguished Service Cross. Les médailles suivantes furent aussi données pour l'action au combat:

SilverStar

2nd Lieutenant Lynn "Buck" Compton, Sergent William "Wild Bill" Guarnere, Soldat de Première Classe Gerald Lorraine.

BronzeStar

Sergent Carwood Lipton, Soldat Robert "Popeye" Wynn (Purple Heart), Soldat Cleveland Petty, Soldat Walter Hendrix, Soldat Don Malarkey, Soldat Myron Ranney, Soldat Joseph Liebgott, Soldat John Plesha, Caporal Joe Toye, Soldat de Première Classe John D. Hall (tué au combat, Purple Heart), Sergent Julius "Rusty" Houch (tué au combat, Purple Heart).

Winters parla de ces évènements: *Des années plus tard, j'ai entendu parler de quelqu'un qui était venu de la plage par cette chaussée. Ce type, un infirmier, suivait des chars. Alors qu'ils sortaient de la plage, un des chars fut touché et endommagé. Lorsque le conducteur en sortit, il marcha sur une mine. L'infirmier alla sur le terrain et pansa ce gars. Plus tard, après que le livre soit sorti (en 1992), l'infirmier m'écrivit une lettre et m'informa qu'il s'était toujours demandé pourquoi les tirs sur Utah Beach avaient cessé. Il me dit: "Merci beaucoup. Je n'aurais pas pu le faire sans que ces canons ne soient détruits." Par la suite, cet infirmier devint un procureur général des États-Unis. Donc, là-bas, nous avions un peu aidé les troupes qui débarquaient le Jour-J, ce qui vous fait vous sentir plutôt bien.* (American History Magazine, Août 2004, de Chris Anderson).

CARENTAN

Le 12 Juin, la Easy Company et le 506ème arrivèrent à Carentan. La ville était occupée par les Allemands, mais les Américains avaient désespérément besoin de s'en emparer afin de faire la jonction entre les Unités des plages d'*Omaha* et celles d'*Utah*.

Le Lieutenant Winters donna à la Easy l'ordre d'attaquer à l'aube. La Easy Company entra dans la ville par une rue légèrement en pente conduisant à une intersection en "T." Au moment où les soldats s'élançaient à l'"assaut de la rue, un nid de mitrailleuses ouvrit le feu et des tirs de fusils commencèrent depuis le bâtiment en face d'eux. Les hommes de la Easy cherchèrent à se mettre à couvert dans les fossés, allongés comme des cibles faciles. Sachant que ses hommes devaient bouger ou risquaient d'être tués sur place, Winters se mit au milieu de la rue, hurlant frénétiquement, leur donnant des coups de pied et les agrippant pour les faire avancer. Étonnamment, Winters ne fut pas touché par les balles qui volaient autour de lui et qui s'écrasaient au sol autour de lui. Ses hommes, stupéfaits, le regardaient avec incrédulité. Normalement calme même sous la pression, c'était un côté de Winters qu'ils n'avaient jamais vu. Les hommes furent motivés pour avancer à l'attaque.

Grâce à l'action rapide du lieutenant Harry Welsh, qui fut capable, seul, de détruire la mitrailleuse avec une grenade, la Easy réussit à sécuriser l'intersection. Winters prouva une fois de plus sa compétence à commander tout en étant une source d'inspiration pour ses troupes.

La Easy Company progressa ensuite de bâtiments en bâtiments, repoussant les Allemands. Cependant, ce n'était que le début lorsque les hommes de la Easy se rendirent compte qu'ils se battaient contre leurs homologues allemands, les *Fallschirmj*äger. L'attaque initiale fit dix blessés, dont un grièvement touché, Ed Tipper.

Winters trouva un soldat blessé au poste de secours, le soldat Albert Blithe. Lorsqu'on lui demandait où il était blessé, Blithe répondait à la question de son Commandant en déclarant qu'il ne voyait plus. Blithe souffrait d'un symptôme connu comme "cécité nerveuse," un état pouvant être provoqué par le stress du champ de bataille. Winters adressa quelques mots rassurants à Blithe. Quelques instants plus tard, Blithe se leva et s'exclama joyeusement qu'il voyait de nouveau. Parmi les compétences de Winters, il y avait sa capacité à prononcer ces paroles d'encouragement qui aidèrent ce jeune soldat à se remettre du choc du combat et à rejoindre ses camarades. Le combat peut faire des choses étranges à l'esprit et au corps.

Le lendemain, la Easy Company et le reste du 506ème repoussèrent avec acharnement les Allemands jusque dans la périphérie de Carentan. Lors de la bataille finale pour la ville, un char allemand chargea vers les lignes de la Easy. Le Lieutenant Welsh et le Soldat John McGrath coururent héroïquement sur le découvert en direction du char. Ils tirèrent une munition de bazooka dans la partie non blindée du char, le neutralisant totalement. Avec l'arrivée de la 2ème Division Blindée Américaine et ses chars, les Américains repoussèrent victorieusement les Allemands hors de Carentan.

Carentan devait être la dernière bataille de la 101ème Airborne en Normandie. Pour la Easy, ce fut l'une des batailles les plus intenses qu'ils endurèrent durant la guerre. Les hommes étaient sales, fatigués et n'avaient pas pris de douche depuis des semaines. Le 1er Juillet, Winters fut informé qu'il était promu Capitaine, un rôle qu'il avait joué depuis le 6 Juin, en tant que Commandant de la Easy Company.

Le Général Taylor avait promis aux hommes seulement trois jours de combat. Les trois jours s'étaient transformés en trente-cinq jours de durs combats. Le voyage de retour en Angleterre se fit par voie maritime et la Easy Company embarqua sur un LST (Landing Ship Tank - Navire de Débarquement de Chars) et retourna à Aldbourne. La 101ème Division Aéroportée dans son ensemble fut décorée de la Distinguished Unit Citation pour ses actions en Normandie.

La campagne avait coûté à la Easy Company près de 50% de ses hommes.

BLANCHISSERIE

Lorsque les GI Américains ("*Governement Issue*") argot pour désigner les soldats de l'armée américaine) arrivèrent au Royaume-Uni en 1944, les Britanniques se battaient contre l'Allemagne depuis 1939. Une partie du plan de l'Allemagne dans sa bataille contre l'Angleterre était d'utiliser des sous-marins pour couler les navires apportant des ravitaillements sur le territoire et réduire considérablement les biens de première nécessité, en particulier la nourriture. L'Allemagne pensait ainsi pouvoir priver l'Angleterre et la soumettre. En conséquence, presque tout fut rationné: l'essence, le bacon et le jambon, le beurre, le sucre, la viande, le thé, la gelée, le fromage, les œufs, le lait, les fruits, le savon, le papier et les vêtements. Même les arbres de Noël étaient presque impossibles à trouver en raison du rationnement du bois.

Des deux côtés de l'océan Atlantique chacun rencontrait des difficultés pour se procurer ces articles, ainsi que les objets non essentiels. Tous les objets ménagers (métalliques) étaient nécessaires pour l'effort de guerre et tous se sacrifiaient dans le but de gagner le combat. Le rationnement en Angleterre ne s'est pas arrêté avec la victoire. Tant d'articles furent réquisitionnés durant le conflit que le rationnement ne se termina que huit ans après la fin de guerre, en 1953.

Les GI étaient payés beaucoup plus que leurs homologues Britanniques, de sorte qu'ils pouvaient profiter de commodités comme la blanchisserie lorsqu'ils étaient stationnés dans les villes et villages de la campagne anglaise. En retour, ils faisaient fonctionner le commerce local en amenant de l'argent supplémentaire.

Parfois, des événements en dehors du combat peuvent laisser des cicatrices aussi profondes que celles laissées par les combats sur le champ de bataille. Malarkey connut l'un de ces moments. De retour à Aldbourne, Malarkey rendit visite à la femme qui lavait le linge d'une partie des hommes de la Easy pour récupérer le sien. Avant que Malarkey ne s'en aille, elle lui demanda s'il ne voulait pas prendre le linge de certains des autres soldats pour "leur épargner le déplacement." Jetant un coup d'œil aux paquets soigneusement empilés, Malarkey se rendit compte que beaucoup de ces hommes n'auraient plus besoin de linge propre. Ils étaient morts en combattant les Allemands en Normandie. Et bien que ce moment marqua profondément Malarkey, cependant il ne mentionna pas ces pertes au combat à cette femme innocente.

L'armée leur avait appris à combattre, à survivre, mais pas à faire face à la perte de leurs amis. La survie et la mission sont prioritaires, pris dans l'action, au milieu des bruits et des images de la guerre, le soldat ne réalise pas les pertes autour de lui. En voyant ces paquets de linge avec les noms de ses camarades tombés au combat inscrits soigneusement dessus, les disparitions subies furent soudainement réelles pour Malarkey.

Cette rencontre le marqua à vie.

MÉDAILLES (ARMÉE AMÉRICAINE)

La **Medal of Honor** (MoH) est la plus haute décoration pouvant être décernée par le gouvernement des États-Unis, elle est personnellement attribuée par le Président au nom du Congrès. Elle est uniquement décernée aux membres des Forces Armées des États-Unis qui se distinguent par leurs actes de bravoure et leur remarquable actions héroïques, et risquent leur vie au-delà de leur devoir. Pour chaque arme le ruban bleu et les étoiles demeurent, seule la médaille varie.

Lors de la Seconde Guerre mondiale, 467 furent attribuées: 326 à l'Armée, 82 aux Marines, 58 à la Marine et 1 aux Gardes côtes.

La **Distinguished Service Cross** (DSC) est la seconde plus haute décoration et est décernée pour un acte héroïque exemplaire.

La **Silver Star** est la troisième plus haute décoration et est décernée pour bravoure au combat.

La **Bronze Star** est la quatrième plus haute décoration et est décernée pour actes d'héroïsme et de mérite en zone de combat.

La **Purple Heart** est décernée aux militaires blessés ou tués au combat.

Le **Combat Medic Badge** est décerné aux soldats qui effectuent des tâches médicales pris sous le feu de l'ennemi. Les deux principaux symboles sont les serpents entrelacés qui représentent l'expertise médicale du récipiendaire et la civière horizontale qui symbolise le fait que ces soins aient été administrés sur le champ de bataille.

Le **Combat Infantry Badge** (CIB) est décerné aux soldats de l'Infanterie ayant participé activement aux combats terrestres. Cet insigne est un rectangle de 76 millimètres de large avec un fond bleu sur lequel est placé un fusil Springfield, modèle 1795. La barrette rectangulaire est placée en haut d'une couronne de feuilles de chêne circulaire, symbolisant le caractère inébranlable, la force et la loyauté.

* Le Général Maxwell Taylor décréta qu'une seule Medal of Honor serait attribuée à la 101ème Division Aéroportée pour toute la campagne de Normandie. Le Lieutenant-Colonel Robert G. Cole, Commandant le 3ème Bataillon du 502ème Régiment d'Infanterie Parachutiste, fut le seul à la recevoir pour avoir mené une charge à la baïonnette près de Carentan. La recommandation du Colonel Sink du Lieutenant Winters pour la Medal of Honor, fut de ce fait déclassée en DSC.

Opération *Market-Garden*

Avant toute prochaine opération, l'ordre du jour pour la Easy Company était de récupérer. Des promotions furent également attribuées à ceux qui avaient démontré de leur qualité de Chef au combat. Les principales préoccupations concernaient le remplacement des soldats comme des équipements. L'entraînement, basé sur les leçons apprises en Normandie, continuait pour garder les "vétérans" en condition et accélérer la formation des nouveaux. Les hommes qui avaient été blessés et qui étaient dans des hôpitaux avaient hâte de retrouver leurs frères de la Easy. Donc l'Armée ne les réaffecterait pas à d'autres unités.

L'Opération *Market-Garden* (*Market*: troupes aéroportées; *Garden*: troupes au sol) était le nom du plan pour libérer les Pays-Bas. En cas de succès de l'opération, les hommes sentaient que la guerre serait terminée pour Noël. Tel que planifié, mais ce fut une surprise pour les hommes, le saut se fit en plein jour et non la nuit comme cela avait été le cas en Normandie. La stratégie était de s'emparer d'un couloir long de 25 kilomètres constitué de routes et de ponts de Eindhoven jusqu'à Arnhem. C'était un plan risqué et compliqué à cause du terrain boisé et marécageux qui limitait les objectifs des Alliés et offrait aux Allemands de grandes possibilités de les attaquer de chaque côté.

Le 17 Septembre 1944, plus de 1 400 C-47 *Dakota* transportèrent les parachutistes et remorquèrent 450 planeurs. Au total, la force comprenait 20 000 parachutistes et plus de 15 000 fantassins aérotransportés. Les soldats de l'Infanterie étaient à bord de planeurs *Waco* qui étaient principalement construits en contreplaqué et d'un peu d'aluminium pour renforcer le fuselage. Sans moteur, le *Waco* pouvait transporter 13 soldats et devait planer vers le sol une fois libéré du câble attaché au C-47.

Les parachutistes rencontrèrent beaucoup moins l'artillerie antiaérienne Allemande qu'en Normandie, et ils atterrirent sur des champs libres et labourés. En raison du nombre de parachutistes qui atterrirent très près les uns des autres sur la DZ (zone de largage), la chute des hommes et de leurs équipements se révéla plus dangereuse que l'ennemi lors de ce saut particulier. Point positif, plus de 90% des soldats atterrirent près de leur zone désignée – bien loin de leur expérience en Normandie.

Une fois au sol et les troupes organisées, la Easy approcha du premier pont, sur le canal Wilhelmine. Conscients de la menace que représentaient les troupes alliées posées, les Allemands firent exploser le pont, faisant pleuvoir du bois, de la terre et des pierres sur les soldats. La Easy campa pour la nuit, attendant que les sapeurs Britanniques construisent un pont temporaire.

La Easy Company entra finalement dans Eindhoven et fut joyeusement accueillie par les citoyens réjouis, qui leur offrirent de la nourriture et des boissons pour les remercier de les avoir délivrés de quatre ans d'occupation allemande. Il y avait des sourires, des danses, des poignées de mains, des câlins et des tapes dans le dos. Les hommes posèrent pour des photographies et répondirent favorablement aux demandes d'autographes. Finalement, les Hollandais purent brandir fièrement leur drapeau orange (représentant leur couleur nationale) en public sans craindre de représailles de la part des Allemands. Les réjouissances allaient bientôt prendre fin.

Poursuivant ses objectifs, la Easy passa à travers la foule et sécurisa les autres ponts. Elle affronta les Allemands à Nuenen en combat rapproché. Quinze hommes mis hors de combat forcèrent la Easy Company à admettre sa première retraite et à retourner à Eindhoven. La Easy Company commençait seulement 72 jours de combat, avec encore plus de pertes.

L'ÎLE – "BAÏONNETTES AU CANON"

Toujours aux Pays-Bas le 2 octobre, le 506ème fut le premier Régiment de la 101ème Airborne à franchir le pont de Nimègue et progresser dans "l'île," une zone plate et agricole d'environ cinq kilomètres de diamètre, sous le niveau de la mer, ceinturée de digues de 6 mètres de haut, destinées à retenir l'eau.

En petit nombre le long des lignes de front, une patrouille de nuit de la Easy Company tomba sur une troupe d'élite SS allemande. Un combat rapide et intense s'ensuivit entre les forces de chaque côté de la digue. Le soldat James "Moe" Alley fut blessé par une grenade lui infligeant 32 blessures au visage, au cou et au bras. Des éclats de grenade endommagèrent la radio dans le dos de Rod Strohl, empêchant la patrouille d'appeler des renforts. Voyant le nombre écrasant de soldats allemands, la petite patrouille de la Easy Company n'eut d'autre choix que de battre en retraite et de rendre compte à Winters de sa rencontre.

Winters organisa une nouvelle patrouille, toujours sous son commandement, il partit seul en éclaireur pour repérer les forces allemandes. Il attendit l'arrivée des renforts, tout en concevant un plan. Winters fit une rapide évaluation de la situation. Les Allemands avaient une solide couverture derrière une route surélevée, à environ 200 mètres. La Easy Company était postée dans un fossé peu profond, à découvert dans un champ, et serait bientôt exposée au lever du soleil. La Easy était la seule protection entre les Allemands et l'Etat-Major du 2nd Bataillon positionné derrière eux. Pour Winters, la meilleure solution était de passer à l'offensive contre les Allemands.

Une fois les renforts arrivés, Winters informa ses hommes et leur donna l'ordre de "mettre les baïonnettes au canon." Cet ordre était une consigne rare qui fit accélérer le rythme cardiaque des hommes. Winters ordonna l'assaut, une grenade fumigène fut lancée pour donner silencieusement le signal aux hommes qui attendaient dans le fossé. En avant! Durant la charge, quelques hommes trébuchèrent sur des barbelés dissimulés au sol dans le champ. Sans regarder en arrière lors de la course, Winters atteignit seul le sommet de la route surélevée et vit un soldat allemand face à lui et un groupe important de soldats allemands à sa droite. Surpris d'être presque face à face avec l'ennemi, Winters sauta en arrière de son côté de la route. Les deux combattants solitaires lancèrent des grenades qui n'explosèrent pas, ce qui permit à Winters de revenir sur le haut de la route, et de tirer, arme à la hanche, et d'éliminer l'Allemand isolé. Winters ouvrit ensuite le feu sur le grand groupe d'Allemands, à seulement 15 mètres, au moment où le reste de ses hommes arriva. Une fois les mitrailleuses et les mortiers en place, ils commencèrent un tir de concentration sur l'ennemi battant en retraite. Les Allemands étaient mis en déroute.

Le plan et la tactique de Winters, ainsi que l'entraînement et l'aguerrissement de ses troupes permirent à la Easy de battre une force supérieure d'environ 300 soldats d'élite SS allemands avec seulement 35 hommes. Par tous les aspects de la stratégie et des manœuvres de combat d'Infanterie, Winters estima que cette victoire, face à un ennemi supérieur en nombre, était le summum de la réussite de la Easy Company durant la guerre.

Cette mêlée décisive fut également la dernière fois où Winters utilisa son arme au combat. Quelques jours plus tard, il fut promu adjoint du 2nd Bataillon du 506ème. Il aurait désormais à commander en second les compagnies Dog, Easy et Fox.

Ayant été avec la Easy Company depuis le début de son périple, quitter ses frères était une tâche difficile pour Winters. Il avait servi, souffert, survécu et réussi aux côtés de ces hommes.

OPÉRATION *PEGASUS*

L'échec de l'Opération *Market Garden* laissa des milliers de soldats Britanniques piégés derrière les lignes ennemies aux Pays-Bas. Quelques centaines d'entre eux, réussirent à échapper à la capture. Ces soldats étaient souvent cachés par la résistance hollandaise. La résistance était composée de citoyens ordinaires qui menaient des opérations contre les Allemands, telles que: l'espionnage, et le sabotage. Ils procuraient des abris pour dissimuler des familles juives, des équipages alliés et des soldats capturés derrière les lignes allemandes.

Après s'être évadé et avoir fui pendant quatre semaines, le Lieutenant-Colonel David Dobie de la 1ère Division Aéroportée Britannique traversa le Rhin à la nage près d'Arnhem et prit contact avec le Colonel Sink. Le Colonel Dobie était devenu le Commandant de près de 140 hommes essayant de revenir vers les lignes Alliées. Le Colonel Sink désigna le Lieutenant Fred "Moose" Heylinger (qui remplaçait Winters) pour diriger l'opération de sauvetage, dont le nom de code était l'Opération *Pegasus*. Le Colonel Dobie traversa de nouveau le fleuve pour préparer le plan de l'opération avec ses hommes et être avec eux lorsqu'il serait mis à exécution.

La nuit, précédent la date prévue de l'opération, des bateaux pliables furent cachés sur la berge par des sapeurs Canadiens. Dans la nuit du 22 Octobre, aux premières heures du matin, vingt-quatre hommes de la Easy Company pagayèrent silencieusement à travers le fleuve. Pendant ce temps, de l'autre côté du Rhin, les Britanniques utilisèrent des lampes de poche pour faire le "V" de la victoire et informer la Easy Company de l'endroit d'abordage des bateaux. Le Caporal Walter Gordon et le Caporal Francis Mellet mirent en place des mitrailleuses de couverture pendant que Heylinger établissait le contact avec les Britanniques. Dire que les Britanniques étaient ravis de voir les "Yankees" (surnom anglais pour les Américains) serait un euphémisme! Ils étaient si exaltés que les Américains leur rappelèrent de rester silencieux pour ne pas alerter les Allemands.

Avec la menace omniprésente d'être découverts, le grand groupe de sauveteurs et les rescapés pagaya en sécurité vers les lignes américaines. L'effort dura environ une heure et demi et se termina sans aucun problème. Les hommes de la Easy Company furent tous félicités. Pour célébrer ce succès, le Colonel Dobie organisa une fête pour ses troupes.

La Easy Company fut finalement relevée par les soldats Canadiens après 72 jours sur la ligne de front contre les Allemands aux Pays-Bas. Durant cette période, aucun des hommes n'eut la possibilité de prendre une douche. Les camions les ramenèrent en France pour un peu de repos, de nouveaux uniformes…et finalement, une douche chaude. Encore une fois, la Easy Company avait tout donné. Les hommes avaient enduré le temps humide et froid, porté les mêmes vêtements pendant des mois et n'avaient pas eu assez de nourriture de qualité.

Les combats de la campagne des Pays-Bas coûtèrent plus de 50 hommes à la Easy Company.

BASTOGNE

Tôt le matin du 16 Décembre 1944, Hitler lança une attaque de grande envergure avec 200 000 hommes et 1 000 chars dans la forêt des Ardennes, ce qui prit les Alliés par surprise. Cette attaque est connue comme la "Bataille des Ardennes", la "Bataille du Saillant" (pour les anglo-américains) car les Allemands voulaient repousser les lignes Alliées (selon une forme de coin) hors de la ville de Bastogne, en Belgique. À cette étape de la guerre, les Allemands avaient désespérément besoin de s'emparer et de tenir Bastogne en raison des sept routes qui partaient de la ville. Cette ville représentait un emplacement central et vital pour permettre à leurs chars et leurs troupes de rester en mouvement, à l'ouest, contre les Alliés. Ce fut la plus grande bataille jamais menée par l'armée américaine.

La 101ème Airborne fut envoyée à Bastogne et rapidement les parachutistes furent à nouveaux encerclés. Cette fois, les hommes arrivèrent au combat en camions et appelèrent leur déploiement "le saut de queue" puisqu'ils sautèrent de l'arrière des camions plutôt que des avions. L'attaque surprise et soudaine ordonnée à la Easy Company signifiait que les hommes n'avaient pas eu le temps d'acquérir des vêtements d'hiver basiques, et suffisamment de munitions. Lorsque la Easy Company se dirigea vers ses positions, elle croisa la route des troupes ayant déjà fait les frais de l'offensive allemande. En l'absence de son propre équipement, la Easy Company prit le plus possible du ravitaillement des soldats battant en retraite.

L'hiver fut l'un des pires depuis des décennies et s'avéra être un ennemi aussi grand que les Allemands. Sans bottes adaptées et ni chaussettes sèches de rechange disponibles, les hommes souffraient de gelures et "pied de tranchées," une conséquence des pieds froids et humides, causant des problèmes de circulation et des infections. Près d'un tiers des blessures furent liées aux conditions météorologiques difficiles. Le manque de repas chauds, de sommeil, le stress du combat et l'impossibilité de se réchauffer, firent que les hommes vécurent dans un état de fatigue extrême pendant près de deux semaines, les poussant parfois au point de rupture. Cependant, un retrait de quelques jours hors de la ligne pour se rendre au poste de commandement en tant qu'agent de liaison réconfortait un homme, et lui permettait de retourner au front.

Les obus de l'artillerie allemande explosaient au sommet des arbres, faisant pleuvoir des éclats de métal et de bois sur les hommes dans leurs trous de combat. Parfois, la puissance de feu ennemie était réglée pour exploser au niveau du sol, faisant littéralement sauter les hommes couchés dans leurs trous. L'un de ces barrages d'artillerie blessa grièvement Joe Toye à la jambe alors qu'il était debout à découvert. "Wild Bill" Guarnere courut pour aider son camarade blessé lorsque le bombardement s'arrêta. Juste à ce moment-là, un autre obus d'artillerie tomba, lui arrachant également l'une des jambes. Rester recroquevillé dans un trou ne garantissait pas non plus la sécurité. Un obus, atterrissant directement sur leur trou de combat, tua "Skip" Muck et Alex Penkala. Ces quatre hommes étaient des membres expérimentés et aimés de la Compagnie. La douleur de leur perte fut écrasante.

Comme les blessés ne pouvaient être évacués des lignes de front qu'en ville, la 101ème transforma une église en hôpital de fortune. Faute de ravitaillement et avec peu d'espoir d'obtenir de nouvelles provisions, les bandages devaient être bouillis dans l'eau et être réutilisés. La ville, comme sa campagne environnante, continuait d'être soumise aux tirs de barrage de l'artillerie allemande. Être encerclé signifiait qu'il n'y avait pas d'endroit pour échapper au combat. Nulle part où aller, nulle part où se cacher et pas de repos pour les hommes fatigués.

Le 22 Décembre, les Allemands délivrèrent un message au Général McAuliffe, le Commandant temporaire de la 101ème Airborne, demandant la reddition des Américains. La réponse du Général fut: "Nuts!" ("Des noix" ou "Des clous" pour l'expression Française). Cette déclaration était une réponse résolument négative, indiquait que la 101ème Airborne, fière et déterminée, n'abandonnerait jamais. Depuis ce jour, les citoyens de Bastogne célèbrent cette fameuse objection en jetant des noix à la foule depuis le balcon de l'Hôtel de ville.

Finalement, le temps se dégagea suffisamment pour que les C-47 larguent des ravitaillements, un spectacle fort apprécié par les troupes fatiguées. Le lendemain de Noël, des chars de la 3ème Armée du Général Patton percèrent les lignes allemandes, permettant d'apporter davantage de ravitaillement et d'évacuer les blessés vers les hôpitaux. La défense déterminée de Bastogne par la 101ème Airborne lui valut la Distinguished Unit Citation pour la seconde fois.

Les hostilités à Bastogne firent de nombreux ravages sur tous ceux qui y combattirent. Les Alliés subirent plus de 70 000 pertes, mais les Allemands en perdirent bien plus. Tous les hommes affirmèrent ne plus jamais vouloir endurer un froid comme à Bastogne…et en tant que fiers parachutistes, ils dirent également ne pas avoir eu besoin d'être secourus par le Général Patton!

FOY – MÉDECINS

Durant la Bataille des Ardennes, les hommes de la Easy Company, installés dans leurs trous de combat dans le Bois Jacques, surveillaient le village de Foy, en Belgique, en contrebas de la colline. À ce moment, le commandant de la Easy était le Lieutenant Norman Dike. L'Etat- major de la division choisit le 2nd Bataillon du 506ème pour effectuer l'attaque de Foy. Il était temps d'avancer et de sortir des bois. Le 13 Janvier 1945, la Easy Company reçut l'ordre de mener l'attaque; les Allemands guettaient et attendaient. Pour la seconde fois, la Easy Company traversa 250 mètres de terrain dégagé, un terrible handicap contre les troupes allemandes déjà retranchées dans les maisons du village.

En tant que Commandant de Bataillon, Winters observait depuis l'orée du bois tandis que la Easy lançait l'attaque et que les Allemands commençaient à tirer et à engager l'artillerie lourde. En pleine course, le Lieutenant Dike se figea. Comme à Carentan, rester assis assurait de faire tuer les hommes! Cependant, le Lieutenant Dike n'était pas Winters, qui avait courageusement bondit à travers les lignes de tir à Carentan pour sauver ses hommes. Winters voulait se rendre sur le terrain et prendre le Commandement mais son nouveau poste de Commandant du Bataillon l'obligeait à déléguer les ordres. Le Lieutenant Ronald Speirs, un chef de section de la *Dog Company*, était proche. Winters lui donna l'ordre de prendre le Commandement. Instantanément Speirs obéit et courut à travers champ, exposé à un feu nourri. Avec des ordres décisifs, la Easy Company reprit l'assaut de Foy, libérant la ville de l'occupation allemande. Le lieutenant Dike fut relevé de ses fonctions. Les hommes de la Easy Company étaient désormais entre les mains compétentes de Speirs, qui resta leur commandant jusqu'à la fin de la guerre.

Don Malarkey commandait l'escouade de mortiers de la 2ème section et resta dans le Bois Jacques avec son groupe pour assurer sa mission d'appui. Depuis le haut de la colline, il pouvait facilement voir les 1ère et 2ème sections charger vers Foy, ainsi que la 3ème section effectuer une attaque de diversion, visant à déconcerter les Allemands. Les pertes s'accumulèrent rapidement lorsque les hommes s'approchèrent du village. Malarkey, témoin de cet assaut, raconta cela, plus tard avec un mélange d'admiration et de fierté: "Durant l'attaque de Foy, j'ai pu voir la 3ème section, coincée dans ce verger, subir des pertes, et distinctement, j'ai vu l'infirmier Gene Roe courir à travers ce terrain découvert pour s'occuper des hommes." Malarkey poursuivit en disant que, malgré le feu nourri, Roe continuait de se précipiter d'homme en homme, appliquant les premiers soins et disant à chacun qu'il s'en sortirait, peu importe la gravité des blessures.

Plus tard, Malarkey parla avec l'infirmier Doc Roe de son absence de décoration. Comme beaucoup d'hommes qui servirent avec Roe et témoignèrent de son héroïsme – nombre d'entre eux survécurent à la guerre grâce à son courage – Malarkey pensait que Roe méritait plus de médailles pour sa bravoure qu'il n'aurait jamais pu en recevoir. Quelque peu embarrassé par la question, Roe dit humblement qu'il "n'avait rien fait de spécial et qu'il était fier de ce qu'il avait fait." Malarkey était catégorique lorsqu'il parlait d'Eugene Roe: "C'était un formidable infirmier de combat." Même si Roe fut recommandé pour la Silver Star par le Lieutenant Jack Foley, pour une raison inconnue... il ne la reçut jamais.

Alors que Eugene Roe était le seul infirmier de la Easy à avoir servi depuis le Jour-J jusqu'au Nid d'Aigle, les infirmiers Ed Pepping, Al Mampre, Ralph Spina et Earnest Oats (mort le jour-J dans le Stick n°66) servirent avec honneur. Les infirmiers étaient des soldats spéciaux en tous points. Parce qu'ils n'étaient pas autorisés à porter une arme, ils ne pouvaient ni se défendre, ni se battre. Ainsi, les autres veillaient sur eux et les protégeaient. Quand le combat commençait, chaque soldat se mettait à couvert des balles et des bombes. Mais le cri "Infirmier!" faisait accourir le soldat portant le brassard de la croix rouge vers les blessés, au péril de sa vie, pour apporter des soins médicaux et du réconfort.

Beaucoup d'hommes de la Easy Company considéraient les infirmiers comme "des anges."

RETRAITE ALLEMANDE

À la mi-avril 1945, peu de temps après avoir pénétré en Allemagne, l'intendance de la 101ème Airborne distribua une paire de chaussettes et trois bouteilles de Coca-Cola à chaque homme. C'était certainement une cause de réjouissance que d'obtenir ce qui rappelait son chez-soi !

En raison des bombardements aériens alliés, une grande partie des réseaux des chemins de fer allemands étaient détruits. Pour entrer en Allemagne, le train de la Easy dut faire un détour par la Hollande, la Belgique, le Luxembourg et la France où elle embarqua à bord de camions de transport pour se diriger vers l'Allemagne, traversant le Rhin et le Danube. Beaucoup de petites villes et villages, le long de la route, avaient échappé aux ravages de la guerre. Ainsi, lorsque le convoi s'arrêta pour la nuit, les soldats signalèrent aux résidents allemands qu'ils avaient 30 minutes pour quitter leurs maisons. Les hommes apprécièrent de dormir sous de vrais toits, dans de vrais lits, dans de vrais draps, et ce d'autant plus que ces lits avaient récemment été évacués par l'ennemi! Les Américains n'avaient que peu de pitié, eux qui avaient vu tant de maisons détruites dans les pays envahis par l'Allemagne.

En pénétrant plus profondément en Allemagne, la Easy commença à voir de petits groupes de soldats allemands se rendre. Ces petits groupes s'agrandirent rapidement lorsque la Easy atteignit l'*Autobahn*, désormais réservée aux Alliés conduisant vers l'est, au cœur de l'Allemagne. Toute circulation de véhicules civils étant interdite, le large terre-plein central et les bas-côtés de l'autoroute furent utilisés par les troupes allemandes se rendant, marchant vers l'ouest et se dirigeant vers des camps de POW (prisonniers de guerre). Aussi loin que les yeux des hommes pouvaient voir, les troupes allemandes marchaient en uniforme complet. Beaucoup d'entre eux avaient encore leur fusil, faute de temps pour les désarmer. Aussi incroyable que cela puisse paraître, parfois, seulement une poignée de soldats Américains gardaient des centaines d'Allemands dans ces terrains découverts.

Les masses d'uniformes gris arpentant résolument cette voie herbeuse signifiait la fin de l'armée Allemande. Il n'y aurait plus d'autre attaque surprise comme à Bastogne. L'armée Allemande n'avait plus la volonté de se battre. La 7ème Armée Américaine s'empara de Munich, une ville importante pour les Nazis. Mais les hommes de la Easy ne se souciaient pas de la capture de Munich; pour eux, c'était une course pour s'emparer de l'ultime emplacement, en altitude dans les Alpes.

Mais auparavant, les hommes de la Easy Company devaient être les premiers à voir la cruauté du régime Nazi.

CAMP DE CONCENTRATION

Le 29 Avril, la Easy Company s'arrêta pour la nuit près de Landsberg, en Allemagne. Des patrouilles furent envoyées, toujours à la recherche de reliquat de résistance allemande restante. Le Sergent Franck Perconte informa Winters que sa patrouille avait trouvé un camp contenant plus de 5 000 personnes. Winters arriva dans sa jeep, accompagné du Capitaine Lewis Nixon et trouva des hommes, à moitié affamés et émaciés, alignés le long de la clôture barbelée, beaucoup portaient des vêtements à rayures bleues et blanches. Le grand camp se composait de huttes à moitié creusées dans le sol et si basses que les prisonniers devaient se pencher pour marcher à l'intérieur. C'était un camp de travail faisant partie du réseau du grand camp principal de Dachau.

L'odeur était atroce! Les conditions de vie étaient épouvantables. Les morts étaient laissés au sol dans le camp ou empilés en tas, et aucun effort n'avait été fait pour les enterrer ou s'occuper de leurs restes. Lorsque les Allemands entendirent la nouvelle de l'approche des Forces Américaines, presque tous les gardes du camp s'enfuirent.

Winters établit un contact radio avec le Colonel Sink pour l'informer de la découverte. Quand le Colonel Sink arriva, le Soldat Joe Liebgott, qui parlait un peu l'allemand, traduisit suffisamment pour comprendre que le camp était principalement destiné aux Juifs.

Sans hésiter, Winters ordonna rapidement d'apporter du fromage de la ville voisine et de nourrir les prisonniers. Mais le Major Kent, docteur du 506ème, arriva et dit à Winters d'arrêter de distribuer de la nourriture. En raison de l'état de malnutrition avancé, les prisonniers devaient être alimentés sous la surveillance attentive du personnel médical. Trop de nourriture, trop rapidement, était aussi dangereux pour leur santé que de ne pas avoir de nourriture du tout. Dire aux survivants affaiblis que la nourriture devait être enlevée était une tâche pénible et démoralisante pour le jeune Liebgott.

Le Général Taylor fit venir les médias pour prendre acte et enregistrer les atrocités et ordonna aux civils vivant à proximité d'aider à nettoyer le camp et d'enterrer les morts à mains nues. C'était une punition et aussi une leçon pour ceux qui avaient infligé tant d'horreur à autant de personnes innocentes. Une telle pénitence empêcherait le peuple allemand de prétendre ignorer les actions menées en son nom.

Ces images et odeurs seraient à jamais gravées dans la mémoire des hommes de la Easy Company, renforçant ce qu'ils savaient déjà : leur combat était crucial et beaucoup plus important qu'eux-mêmes!

BERCHTESGADEN/NID D'AIGLE

Les ordres venaient d'en haut, la 101ème devait être la première à entrer dans Berchtesgaden. Lorsque le Colonel Sink dit au Major Winters de préparer les hommes pour le voyage, le Major s'exalta. Alors que c'était une petite ville dans une vallée profonde à la frontière entre l'Allemagne et l'Autriche, Berchtesgaden était bien connue des hommes. De nombreuses photographies de rencontres entre Hitler et les dirigeants d'Angleterre, d'Italie et de France avaient été publiées dans les journaux et les magazines. Outre la capture de Berlin, Berchtesgaden et le Nid d'Aigle étaient les lieux les plus précieux. Les Soldats et les Généraux de toutes les Armées Alliées savaient qu'ils seraient à jamais immortalisés, s'ils étaient les premiers à s'emparer de ce site. La 2ème Division Blindée Française était également dans la région et voulait hisser le drapeau français en guise de revanche sur les années d'occupation.

Ainsi, les Américains durent accélérer leur progression.

Sur la route de montagne, les ponts détruits obligèrent la Easy Company à reculer à plusieurs reprises afin de trouver un chemin alternatif leur permettant d'être les premiers à atteindre ce lieu tristement célèbre. La Easy atteignit finalement Berchtesgaden le 5 Mai 1945. Alors que des troupes Américaines et Françaises, se trouvant dans la ville, partaient, tout portait à croire que la 101ème Airborne n'était pas la première arrivée. La Easy sécurisa consciencieusement l'hôtel, le Berchtesgaden Hof, pour le Général Taylor. Winters et le Lieutenant Welsh se partagèrent un grand coffret de couverts en argent, appartenant à Hitler, qu'ils envoyèrent chez eux.

Un court trajet en voiture sur la route escarpée conduisait à l'Obersalzberg, un site privé retiré, ressemblant à un village et qui offrait des maisons à Hitler et aux Nazis de hauts rangs, ainsi que des casernes pour les soldats d'élite SS qui gardaient le site. Hitler avait passé plus de temps à cet endroit que nulle part ailleurs lorsqu'il était au pouvoir. Winters et le Lieutenant Nixon trouvèrent un wagon rempli d'œuvres d'art volées provenant de toute l'Europe. Les soldats passèrent toute une journée sur place à conduire les voitures du personnel d'Hitler en s'assurant que les vitres étaient réellement à l'épreuve des balles. Ils découvrirent des uniformes allemands et prirent des photographies humoristiques en portant les vêtements nouvellement acquis. Il y avait des souvenirs pour tout le monde!

Plus haut dans la montagne se trouvait le Nid d'Aigle d'Hitler à 1860 mètres. C'était une maison d'hôtes au sommet de la montagne, cadeau fait à Hitler pour son 50ème anniversaire. Le seul moyen d'atteindre le Nid d'Aigle était de passer par un tunnel, dans la montagne, qui menait à un ascenseur dont les murs étaient en laiton poli avec un effet miroir ce qui le faisait ressembler à de l'or. Alton More trouva un album photo d'Hitler avec de nombreux officiels allemands de haut rang venus visiter le Nid d'Aigle. More dut le cacher dans un coussin de sa jeep pour le garder loin d'un officier qui le voulait pour lui.

L'information arriva rapidement: "À partir de maintenant, toutes les troupes resteront sur leurs positions actuelles. Dans ce secteur, le groupe G de l'armée allemande s'est rendu. Aucun tir sur les Allemands à moins d'être pris à partie." Pour tous les soldats de la Easy, la "position actuelle" ne pouvait pas être meilleure.

La Easy Company avait atteint le sommet de la montagne et le summum des résidences d'Hitler durant le régime Nazi. Le beau paysage offrit aux hommes une paix qu'ils n'auraient pu imaginer durant les mois de guerre. Le 7 Mai, la Easy Company apprit que l'armée Allemande avait capitulé! Finalement, les hommes purent véritablement se détendre et c'est ce qu'ils firent. Chaque nuit, ils buvaient des bouteilles qui, quelque temps auparavant, appartenaient à Hitler et Herman Goering, le Commandant de la force aérienne Allemande.

Comme un coup de grâce, et comme ils l'avaient vu dans les journaux et magazines, ils levaient leurs verres, s'asseyant aux mêmes endroits qu'Hitler le faisait.

KAPRUN/FIN DE LA GUERRE

La guerre en Europe se termina officiellement le 8 Mai 1945. Les hommes de la Easy Company embarquèrent ensuite dans des camions et se rendirent à Kaprun, en Autriche, à environ 30 kilomètres de Berchtesgaden. Les hommes continuaient d'être émerveillés par la beauté du paysage, qui semblait tiré d'un livre illustré. Les Alpes, paisibles et pittoresques, leur permettaient de se souvenir de ce qu'était la vie sans la guerre.

Une partie des fonctions du 2nd Bataillon (seulement 600 hommes) était de garder 25 000 prisonniers allemands (POW). Les hommes partirent également en patrouilles pour localiser les derniers traînards Allemands et les conduire dans les camps de prisonniers. Toutes les troupes SS découvertes furent envoyées à Nuremberg, en Allemagne. À ce moment, la documentation prouvant que les SS avaient commis des actes de barbarie et d'extermination au nom du nazisme s'accumulait et ils allaient maintenant faire face aux accusations de crimes de guerre.

Un autre problème majeur concernait les milliers de civils qui étaient des personnes déplacées (DP). Ils venaient de Pologne, de Hongrie, de Tchécoslovaquie, de Belgique, des Pays-Bas et de France. Finalement, les soldats ennemis et les DP furent triés et évacués de la région.

Lors de leur temps libre, les hommes profitaient des évènements sportifs et des compétitions entre les unités. Des courts de tennis furent aménagés, ainsi que des champs de tir pour maintenir les compétences des hommes. Ils pouvaient aller chasser des chamois dans les montagnes. Ils pouvaient monter à bord d'un téléski jusqu'à un chalet et y passer quelques jours pour se détendre et skier sur les pentes. Le lac clair et calme de Zell Am See leur permettait de faire du bateau et de sauter dans l'eau en parachute. Les hommes appréciaient aussi de retrouver le vrai goût du pays en jouant au baseball.

Quitter l'armée et rentrer à la maison étaient les priorités de la plupart des hommes. Un système de points fut établi sur la base de certains critères: le nombre de mois de service, le nombre de mois passés à l'étranger, le nombre de médailles reçues et le nombre d'enfants restés au pays. Pour qu'un soldat reçoive ses papiers de démobilisation, il devait avoir un total de 85 points. C'était parfois un système très injuste. Earl McClung était l'un des meilleurs soldats de la Easy et il s'était porté volontaire pour diriger d'innombrables patrouilles dangereuses. McClung avait été sur la ligne de front durant toute la guerre et pourtant, il n'atteignait pas encore les 85 points requis. Lui et beaucoup d'autres durent attendre plusieurs mois pour finalement rentrer chez eux.

Les hommes de la Easy Company avaient parcouru un long chemin, au sens propre comme au sens figuré. De Sobel à Winters, puis à Speirs et de Toccoa à la Normandie, puis à Kaprun, cela avait pris presque trois ans. Durant cette période, leur lien singulier les avait poussés à risquer des sanctions de la part de l'Armée pour avoir quitté les hôpitaux sans permission (AWOL, A*bsent* W*ithout* O*fficial* L*eave*), et sans être complétement rétablis et guéris, juste pour pouvoir rejoindre leurs amis. Strohl, Wynn, Alley, Welsh et Toye (toujours avec le bras en écharpe) avaient tous quitté les hôpitaux à un moment de la guerre pour éviter d'être envoyés dans une autre unité. Le temps passé à Kaprun permettait à chaque homme de penser à ses amis autour de lui, ainsi qu'à ceux qui n'étaient plus là.

En Juillet 1945, la majorité des hommes de Toccoa rentrèrent finalement aux États-Unis. Le Japon capitula le 14 Août 1945. Le 30 Novembre 1945, la 101ème Airborne fut désactivée. Sur le papier, la Easy Company n'existait plus.

Leur pays les avait appelés et ils avaient répondu sans hésiter. Ils s'étaient portés volontaires pour se battre aux côtés des meilleurs, avec la certitude d'être encerclés par l'ennemi. Ils étaient entrés dans l'armée des États-Unis en tant que civils ordinaires, et étaient devenus des parachutistes d'élite. Des étrangers étaient devenus des frères. Cependant, lorsque les hommes retournèrent à la vie civile, ils durent lutter. À nouveau entourés de leur famille, certains constatèrent qu'ils ne pouvaient pas se reconstruire. Même s'ils voulaient parler de ce qu'ils avaient fait ou vu pendant la guerre, ils ne pouvaient pas trouver les mots. Comment ne pas accabler leurs proches avec certains de leurs souvenirs? Pour beaucoup d'hommes, ces souvenirs les hantaient dans leurs rêves. De manière étrange, certains voulaient retourner avec leurs frères, là où ils n'avaient pas besoin de se justifier auprès de celui qui se trouvait à côté d'eux. Il faudrait du temps pour redevenir des civils.

Beaucoup d'entre eux resteraient à jamais des soldats de la Easy Company.

LES CROIX

À la fin de la guerre, 366 hommes avaient servi dans la Easy Company. Parmi eux, 47 avaient payé le prix ultime pour notre liberté; ils ne profitèrent jamais de la Paix après la guerre. Ils ne pourraient pas non plus rentrer chez eux pour embrasser avec émotion leurs parents, leurs proches ou leurs amis. Leur sacrifice ne leur coûta pas seulement la vie, mais aussi leurs rêves, leurs espoirs et les ambitions auxquels ils aspiraient comme tous les jeunes.

De nombreux soldats de la Easy Company reposent sous des croix dans les cimetières de Normandie, des Pays-Bas, du Luxembourg et de Belgique. Ils ont rejoint les plus de 45 000 hommes, morts pour sauver le monde de la tyrannie et du mal, enterrés dans ce sol étranger sur lequel ils combattirent.

Il est important de voir ces cimetières. Les lieux sont impeccables. Les arbres et les buissons sont constamment taillés, l'herbe est toujours coupée et entretenue. Un soin minutieux a été pris pour s'assurer que les alignements des croix et des étoiles de David soient parfaits et ce quel que soit l'angle de vue. Les visiteurs marchent en silence, avec admiration et respect. Les croix se dressent comme des témoins silencieux et sombres pour rappeler le coût élevé de la Liberté - La Liberté n'est jamais gratuite.

Bill Guarnere et Joe Toye (que tout le monde pensait être l'homme le plus fort de la Easy Company) rentrèrent chez eux avec une jambe en moins. Ed Tipper perdit un œil. Max Meth perdit une main. Beaucoup portaient les cicatrices physiques de leurs blessures de guerre; presque tous étaient blessés moralement. La guerre changea ces hommes à jamais. Même lorsqu'ils atteignirent l'âge de 80 ans ou de 90 ans, ils dirent tous qu'ils ne passaient pas une journée sans penser aux hommes avec lesquels ils avaient servi au sein de la Easy Company. Ils n'oublièrent jamais les hommes devenus leurs frères. Ils nouèrent un lien totalement unique dans la nature humaine; fondé sur la dépendance des uns et des autres en tant que soldats de l'Infanterie de combat.

Les hommes de la Easy Company se réunirent chaque année, de 1947 à 2012, pour témoigner de ce lien et de leur éternelle fraternité…et chaque année, ils portèrent un toast à la mémoire des hommes enterrés sous ces croix, sur un sol lointain.

Leur histoire est celle de l'humilité, du courage, de l'honneur, du sacrifice, du devoir et du patriotisme. Nous non plus, nous ne pourrons jamais les oublier!

TABLEAU D'HONNEUR

HOMMES DE LA EASY COMPANY TUÉS AU COMBAT (KIA)

Anciens membres de la *Easy Company* morts au sein d'autres unités

Rudolph R. Dittrich	5·20·1944	James L. Diel*	9·19·1944
Robert J. Bloser	6·6·1944	Vernon J. Menze	9·20·1944
Herman F. Collins	6·6·1944	James W. Miller	9·20·1944
George L. Elliot	6·6·1944	William T. Miller	9·20·1944
William S. Evans	6·6·1944	Robert Van Klinken	9·20·1944
Joseph M. Jordan	6·6·1944	Raymond G. Schmitz*	9·22·1944
Robert L. Matthews	6·6·1944	James Campbell	10·5·1944
William McGonigal, Jr.	6·6·1944	William Dukeman, Jr.	10·5·1944
Thomas Meehan	6·6·1944	John T. Julian	12·21·1944
William S. Metzler	6·6·1944	Donald B. Hoobler	1·3·1945
John N. Miller	6·6·1944	Richard F. Hughes	1·9·1945
Sergio G. Moya	6·6·1944	Warren H. Muck	1·10·1945
Elmer L. Murray, Jr.	6·6·1944	Alex M. Penkala, Jr.	1·10·1945
Ernest L. Oats (medic)	6·6·1944	Harold B. Webb	1·10·1945
Richard E. Owen	6·6·1944	A. P. Herron	1·13·1945
Carl N. Riggs	6·6·1944	Francis J. Mellett	1·13·1945
Murray B. Roberts	6·6·1944	Patrick Neill	1·13·1945
Gerald R. Snider	6·6·1944	Carl C. Sowosko	1·13·1945
Elmer L. Telstad	6·6·1944	John E. Shindell	1·13·1945
Thomas W. Warren	6·6·1944	Kenneth J. Webb	1·13·1945
Jerry A. Wentzel	6·6·1944	William F. Kiehn	2·10·1945
Ralph H. Wimer	6·6·1944	Eugene E. Jackson	2·10·1945
Benjamin J. Stoney*	6·7·1944	John A. Janovec	5·16·1945
Terrence C. Harris*	6·13·1944		

BAND OF BROTHERS FAMILY FOUNDATION

La Band of Brothers Family Foundation est une organisation à but non lucratif (EIN 81-2710879) créée par les descendants des hommes de la Easy Company, 506ème Régiment d'Infanterie Parachutiste, 101ème Airborne de la Seconde Guerre mondiale. Le conseil d'administration de la fondation est exclusivement composé de membres des familles.

Notre objectif principal est d'enseigner aux étudiants l'histoire des hommes de la Easy Company (nos héros) et celle de la Seconde Guerre mondiale dans sa globalité. Nous espérons mettre ce livre entre les mains de nombreux étudiants et dans de nombreuses bibliothèques scolaires. Ensemble, Continuons de Rendre Hommage.

Si vous connaissez une bibliothèque scolaire ou un professeur souhaitant se procurer ce livre, veuillez-nous en informer.

https://www.facebook.com/Band-of-Brothers-Family-Foundation

easycofoundation@gmail.com

OUVRAGES DE RÉFÉRENCE ET AUTRES LECTURES

- *Frères d'Armes de* Stephen Ambrose
- *Beyond Band of Brothers* par le major Dick Winters et le colonel Cole G. Kingseed
- *Conversations with Major Dick Winters* par le colonel Cole G. Kingseed
- *Call of Duty* de Lynn "Buck" Compton et Marcus Brotherton
- *Easy Company Soldier* de Don Malarkey et Bob Welsh (passages des parties "Marche vers Atlanta" et "Blanchisserie" se trouvant respectivement aux pages 52 et 115)
- *Shifty's War* de Marcus Brotherton
- *Parachute Infantry* de David Webster
- *Brothers in Arms, Best of Friends* de Bill Guarnere et Edward Heffron avec Robyn Post
- *Silver Eagle* de Clancy Lyall et Ronald Ooms
- *Biggest Brother: The Life of Major Winters* de Larry Alexander
- *A Company of Heroes* de Marcus Brotherton
- *We Who are Alive and Remain* de Marcus Brotherton
- *Fighting with the Screaming Eagles* de Robert Bowen
- *The Filthy Fox Company, The Battling Flank of the Band of Brothers* de Terry Poyser et Bill Brown
- *D-Day with the Screaming Eagles* de George Koskimaki
- *Vanguard of the Crusade* by Mark Bando
- *The Simple Sounds of Freedom* de Thomas H. Taylor
- *Tonight We Die as Men* de Ian Gardner
- *Nuts! A 101st Airborne Machine Gunner at Bastogne* de Vincent Speranza
- *Look Out Below! A story of the Airborne by a Paratrooper Padre* de Francis L. Sampson

Chris Langlois est le petit-fils de l'infirmier Eugene Gilbert Roe, Sr. Roe rejoignit la Easy Company au Camp MacKall, juste après Toccoa. Chris est originaire de Baton Rouge, en Louisiane et diplômé de l'Université d'État de Louisiane. Il réside actuellement à Dallas, au Texas avec sa femme, Patricia, et sa fille, Julia. Chris et Patricia sont tous deux officiers de police. Chris fait don d'une partie des bénéfices à la Band of Brothers Family Foundation, de sorte que davantage de bibliothèques scolaires et salles de classe puissent disposer de ce livre. Il a créé la Doc Roe publishing (sur Facebook, Instagram et Twitter). Chris peut être contacté à: docroegrandson@gmail.com

Anneke Helleman est originaire des Pays-Bas où elle vit avec son époux Gert-Jan IJzerman. Elle a un fils et une fille, tous deux mariés et heureux. Elle est également une grand-mère fière. Elle est copropriétaire d'un magasin de meuble et peintre professionnelle. Son œuvre s'étend du réalisme au lettrage sur avions de la Seconde Guerre mondiale et vestes de cuir. Sa passion pour la Seconde Guerre mondiale commença lorsqu'elle visita le Cimetière américain de Margraten et entendit l'histoire des soldats qui y sont enterrés. Elle est éternellement reconnaissante pour sa liberté.
Anneke peut être contactée à: info@annekehelleman.nl

Milton Keynes UK
Ingram Content Group UK Ltd.
UKRC030841080923
428276UK00002B/5